表面工程与再制造技术

——水力装备抗磨蚀涂层技术及应用

陈小明　张磊　伏利　赵坚　刘德有　等著

黄河水利出版社

·郑州·

内 容 提 要

本书主要从我国水力装备磨蚀概况及涂层技术发展现状、多种高性能热喷涂技术及应用、抗磨蚀涂层性能测试、抗磨蚀涂层技术标准化等方面进行了系统阐述。分别研究了氧-丙烷超音速火焰喷涂、氧-煤油超音速火焰喷涂、大气超音速火焰喷涂、超音速等离子喷涂等热喷涂技术的相关工艺、材料与涂层组织性能,并介绍了各类热喷涂抗磨蚀涂层技术在水力装备领域的典型应用案例,还研究了抗磨蚀涂层性能测试方法和抗磨蚀涂层技术标准化,为有效解决水力装备磨蚀问题提供技术依据。

本书可为相关行业工程技术人员和科研工作者提供有益参考,也可供相关专业的大学本科生和研究生使用和参考,还可为有关决策提供科学依据。

图书在版编目(CIP)数据

表面工程与再制造技术:水力装备抗磨蚀涂层技术及应用/陈小明等著. —郑州:黄河水利出版社,2021.9

ISBN 978-7-5509-3096-4

Ⅰ.①表… Ⅱ.①陈… Ⅲ.①水力机械-磨蚀-涂层 Ⅳ.①TK7

中国版本图书馆 CIP 数据核字(2021)第 191109 号

书　　名:表面工程与再制造技术——水力装备抗磨蚀涂层技术及应用
作　　者:陈小明　张磊　伏利　赵坚　刘德有　等 著
出版发行:黄河水利出版社
地址:河南省郑州市顺河路黄委会综合楼 14 层　　邮政编码:450003
发行部电话:0371-66026940、66020550、66028024、66022620(传真)
E-mail:hhslcbs@126.com
承印单位:河南瑞之光印刷股份有限公司
开本:787 mm×1 092 mm　1/16　　印张:12.5
字数:240 千字　　印数:1—1 000
版次:2021 年 9 月第 1 版　　印次:2021 年 9 月第 1 次印刷
定价:68.00 元

前　言

在水利水电领域，水力装备的磨蚀问题是多年来一直困扰水电站安全、高效运行的难治之症。在泥沙冲蚀、气蚀、磨损、疲劳、腐蚀等综合交互作用下，水轮机、水泵等过流部件的表面形态发生改变，影响了水轮机的出力和发电效率。此外，磨蚀造成的材料破坏会导致过流部件破坏失效，大大降低了水力装备的服役寿命；严重时使机组产生强烈振动、噪声和负荷波动，直接影响水轮机的安全稳定性，严重威胁水利设施的运行安全性。尤其在西南、西北等地区的高水头、含沙量大的流域，水轮机的磨蚀破坏尤为严重，不得不缩短检修周期，甚至在汛期被迫“弃水保机”。截至 2018 年年底，我国已建成 5 万 kW 及以上大、中型水电站约 640 座，5 万 kW 以下小型水电站 46 515 座，另外已建成各类装机流量 1 m^3/s 或装机功率 50 kW 及以上的泵站 95 468 处，其中 30%～40%水力装备受到磨蚀侵害的问题十分突出，每年由此造成的经济损失达数千亿元人民币，同时导致严重的环境污染。可见，磨蚀问题造成了巨大的经济损失、能源浪费与严重的安全隐患。因此，解决水力装备过流部件的磨蚀问题十分迫切。

近年来，随着现代工业技术的高速发展，以热喷涂技术为代表的新型表面工程技术为水力装备磨蚀问题的解决迎来新的曙光。热喷涂技术是涉及材料、机械、自动化控制等多学科交叉的先进表面工程技术，它是利用热源将粉状或丝状金属陶瓷材料加热至熔融或半熔融状态，并通过焰流本身或者高速气流将其喷射到基体表面，冷却后形成以机械结合为主的涂层。热喷涂技术主要有火焰喷涂、电弧喷涂、等离子喷涂和爆炸喷涂等。热喷涂技术能大幅地提高机械零件的性能，使其能够在高速、高温、高压、重载、冲击、磨损、磨蚀及腐蚀等工况下持续运行；同时，利用热喷涂技术还可以对废旧机械零部件进行再制造，使其获得新的生命，实现节能减排，减少环境污染。因此，热喷涂技术在各个行业得到高度重视和快速发展，目前，热喷涂技术已成为新材料制备、金属零部件表面处理与强化、失效金属工件绿色再制造的重要手段之一，广泛应用于航空、石油、汽车、船舶等行业。与堆焊、电镀和气相沉积相比，热喷涂技术具有结合强度高、工作效率高、适用材料多等特点，因此热喷涂技术在水力装备表面抗磨蚀强化、增材修复再制造等方面的应用前景十分广阔。但是，现有热喷涂技术的应用水平还不能完全适应市场的需求，还需要研究解决工程应用中的关键技术问题，开发专用的关键装备、粉末配方与工艺体系，研发涂层测试方法，并建立热喷涂抗磨蚀涂层技术标准等。

水利部杭州机械设计研究所（又名水利部产品质量标准研究所），致力于解决表面工程与再制造技术在实际工程应用中面临的关键技术难题，主要在热喷涂、激光熔覆与合金化等方面开展设备关键技术、配方与工艺研究和应用。经过十多年的不断研究，取得了一系列科研成果，在高超音速火焰喷涂、激光熔覆与合金化、超音速等离子喷涂、超音速电弧热喷涂等方面拥有自主知识产权、适用于不同要求的高性能配方、工艺以及喷枪关键技术，大幅提高了有关涂层的性能。这些研究成果已被广泛应用于水利水电、机械制造等领域。

针对当前常规热喷涂技术在水利水电领域应用存在的关键技术问题，水利部杭州机械设计研究所对高性能热喷涂技术进行了深入、系统的研究，获得了大量有实际应用价值的数据和一系列研究成果，在此基础上，结合国内外同行的有关文献资料，撰写了《表面工程与再制造技术——水力装备抗磨蚀涂层技术及应用》一书。本书可为相关行业工程技术人员和科研工作者提供有益参考，也可供相关专业的大学本科生和研究生使用和参考，还可为有关决策提供科学依据。

本书主要从我国水力装备磨蚀概况及涂层技术发展现状、多种高性能热喷涂技术及应用、抗磨蚀涂层性能测试、抗磨蚀涂层技术标准化等方面进行了系统阐述。分别研究了氧-丙烷超音速火焰喷涂、氧-煤油超音速火焰喷涂、大气超音速火焰喷涂、超音速等离子喷涂等热喷涂技术的相关工艺、材料与涂层组织性能，并介绍了各类热喷涂抗磨蚀涂层技术在水力装备领域的典型应用案例，还研究了抗磨蚀涂层性能测试方法和抗磨蚀涂层技术标准化，为有效解决水力装备磨蚀问题提供技术依据。

本书共分为9章，主要内容包括：绪论、氧-丙烷超音速火焰喷涂技术及应用、氧-煤油超音速火焰喷涂技术及应用、大气超音速火焰喷涂技术及应用、超音速等离子喷涂技术及应用、涂层抗泥沙冲蚀性能检测方法研究及应用、涂层抗空蚀性能检测方法研究及应用、水力装备抗磨蚀涂层技术标准化、水力装备抗磨蚀涂层技术研究及应用展望。全书由陈小明统稿，其中第1章由张磊、陈小明、刘德有撰写；第2章由张磊、陈小明撰写；第3章由伏利、陈小明撰写；第4章由张凯、刘德有撰写；第5章、第6章由伏利、陈小明撰写；第7章由毛鹏展、赵坚撰写；第8章由赵坚、陈小明撰写；第9章由张磊、陈小明撰写。

在本书的撰写过程中,得到了许多专家学者以及同事的大力支持和帮助,在此特向他们致以真诚的感谢;同时也参考和引用了国内外许多同行的文献资料,在此谨向他们表示诚挚的谢意。

本书的研究得到了浙江省“一带一路”国际科技合作项目、浙江省公益性技术应用研究计划项目、浙江省水利水电装备表面技术研究重点实验开放基金、水利机械及其再制造技术浙江省工程实验室自主创新项目等的大力资助,在此表示感谢。限于作者水平有限,书中难免存在疏漏之处,敬请读者批评指正。

作　者

2020 年 12 月

目　录

第 1 章　绪　论

1.1　我国河流泥沙及磨蚀概况

我国是多泥沙河流国家,河流普遍存在高含沙量、高水头的特点,泥沙含量居于世界前列。据现有数据统计,我国年平均输沙量 1 000 万 t 以上的河流有 115 条(包括一、二级支流),直接入海泥沙总量 19.4 亿 t,其中我国七大河流(长江、黄河、淮河、海河、珠江、松花江、辽河)输沙量占全国河流输沙总量的 85%,黄河、长江的总输沙量占全国输沙总量的 74%,占世界年输沙量超过 1 亿 t 的排名前 12 条大河总输沙量的 34%(不包含其支流),其中又以黄河最为突出,是我国含沙量最高的河流,也是世界之最。黄土高原由于独特的气候环境和地势条件,土壤侵蚀和水土流失严重,大量泥沙输入黄河中游造成河流高泥沙含量。相关统计表明,黄河多年平均含沙量达 37.5 kg/m^3,多年平均输沙量高达 16 亿 t,平均年输沙量和入海沙量分别达全国总量的 53% 和 60%。黄河中上游土壤侵蚀模数分布见图 1-1。

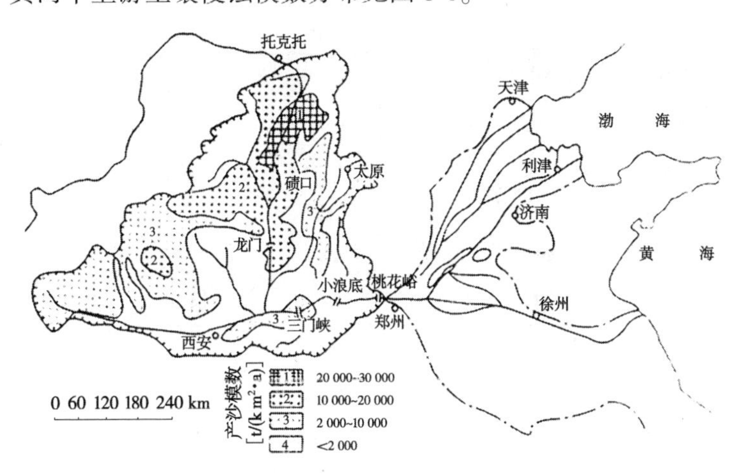

图 1-1　黄河中上游土壤侵蚀模数分布

根据水利部发布的《中国河流泥沙公报》(2019 年),我国近年来主要河流代表水文站水沙情况见表 1-1。

表 1-1 我国近年来主要河流代表水文站水沙情况

河流	代表性水文站名	控制流域面积（万 km²）	年径流量（亿 m³）	多年平均年输沙量（万 t）	多年平均含沙量（kg/m³）	多年平均中数粒径（mm）	多年平均输沙模数（t/km²）
长江	直门达	13.77	130.2	960	0.647	—	69.9
	寸滩	86.66	3 434	37 400	1.09	0.010	432
	大通	170.54	8 931	36 800	0.414	0.010	216
黄河	兰州	22.26	309.2	6 330	2.05	0.016	284
	潼关	68.22	335.5	97 800	29.1	0.021	1 430
	利津	75.19	292.8	67 400	23.0	0.019	896
淮河	鲁台子	8.86	213.4	764	0.370	—	86.2
	蚌埠	12.13	260.4	841	0.332	—	69.3
海河	石匣里	2.36	4.198	837	20.0	0.028	355
	观台	1.78	8.592	728	8.47	0.027	409
	元村集	1.43	14.98	213	1.42	—	149
珠江	高要	35.15	2 173	5 960	0.268	—	22.9
	石角	3.84	417.1	538	0.125	—	140
	博罗	2.53	231.0	226	0.094	—	63.2
松花江	佳木斯	52.83	634.0	1 250	0.197	—	23.6
辽河	铁岭	12.08	29.21	1 070	3.65	0.030	88.2
	新民	0.56	2.083	356	17.1	—	636
钱塘江	兰溪	1.82	169.5	225	0.133	—	124
	上虞东山	0.44	39.13	47.4	0.121	—	107
	诸暨	0.17	11.85	16.7	0.141	—	98.0
闽江	竹岐	5.45	536.8	546	0.102	—	100
	永泰(清水壑)	0.40	36.6	52.6	0.144	—	131
塔里木河	阿拉尔	—	46.15	2 090	4.53	—	—
	焉耆	2.25	25.76	68.8	0.267	—	—
黑河	莺落峡	1.00	16.32	199	1.22	—	199

在我国水利水电工程领域,高泥沙、高水头的河流环境带来了严重的磨蚀问题。在泥沙冲蚀、气蚀、磨损、疲劳、腐蚀等的综合交互作用下,水轮机、水泵等过流部件的表面形态发生改变,影响了水轮机的出力和发电效率。此外,磨蚀造成的材料破坏会导致过流部件破坏失效,大大降低服役寿命;严重时使机组产生强烈振动、噪声和负荷波动,直接影响水轮机的安全稳定性,严重威胁水利设施的运行安全。尤其在西南、西北等地区的高水头、含沙量大的流域,水轮机的磨蚀破坏尤为严重,不得不缩短检修周期,甚至在汛期被迫"弃水保机"。以黄河三门峡水电站为例,水轮机在磨蚀破坏2年后运行效率下降8.7%,运行15 000 h必须大修,而一般清水电站大修周期为5年左右。磨蚀问题带来巨大的经济损失和资源浪费。

我国是世界上遭受磨蚀危害和经济损失最严重的国家。目前,我国水电装机总量和年发电总量均位居世界第一,建有数量和规模庞大的水电站和水利枢纽。截至2018年年底,我国水电总装机容量约35 226万kW,年发电量12 342.3亿kW·h,双双稳居世界第一。其中,已建成5万kW及以上大、中型水电站约640座,总装机容量约27 182.5亿kW,年发电量约9 996.7亿kW·h;已建成5万kW以下的小型水电站46 515座,总装机容量8 043.5 kW,年发电量2 345.6亿kW·h。另外,截至2018年年底全国已建成各类装机流量1 m^3/s或装机功率50 kW及以上的泵站95 468处,其中小型泵站90 816处,中型泵站4 276处,大型泵站376处。上述规模总量庞大的水利水电设施中,其中30%~40%受到磨蚀侵害问题十分突出,每年由此造成的经济损失达数千亿元人民币,同时带来严重的资源和能源浪费,尤其是为电站的安全运行带来巨大潜在威胁。

因此可见,水力装备的磨蚀问题已经成为长期困扰水电站安全、经济和高效运行的难治之症,解决水轮机过流部件的磨蚀问题十分迫切。

1.2　水力装备过流部件磨蚀机制及影响因素

1.2.1　磨蚀机制

磨蚀过程包括泥沙冲蚀、气蚀、磨损、疲劳、腐蚀等多种复杂的综合破坏作用,在各因素交互作用下,使水力装备表面产生破坏和失效。其中,以气蚀和泥沙冲蚀磨损为主。

1.2.1.1 气蚀

气蚀又称空蚀,是空化产生的空泡在溃灭时对过流部件表面造成的冲击破坏。水流局部区域的压力下降到临界点以下时发生气化,流体中的气核逐渐发育、长大成空泡,破坏了液相流体的连续性,使其变为含气的二相流;当空泡运动到压力较高的区域时,迅速凝缩并溃灭。溃灭的空泡在液固边界产生高压冲击波,对过流部件表面产生高频反复的冲击作用,这种应力脉冲使材料发生局部塑性变形和加工硬化,产生疲劳破坏。另外,空泡由于上下壁角边界的不对称性,在溃灭时带动周围小股水流形成高速高压的“微射流”,对部件表面造成直接的冲击破坏和脉冲式疲劳破坏。

气蚀的破坏作用无明显方向性,过流部件表面首先被破坏呈灰暗无光泽的针孔、麻面状,而后发展为疏松的蜂窝状、海绵状和鱼鳞坑等形貌,甚至出现孔洞、沟槽、裂纹,严重时会导致过流部件穿孔、破裂。

1.2.1.2 泥沙冲蚀磨损

我国河流中的大颗粒泥沙主要矿物成分为石英、长石、方解石等,细颗粒泥沙成分为蒙脱石、伊利石、高岭石等,这些泥沙颗粒普遍具有高硬度,莫氏硬度最高达7级。在高速水流中,水流及其夹杂的硬质颗粒对过流部件产生强烈的冲蚀磨损作用。棱角尖、硬度高、运动速度快的沙粒随水流以一定的角度冲向过流部件表面,母材受到微切削、犁削和剥落而逐渐失去本体,在部件表面留下与水流方向一致的刮痕、擦伤小沟,之后逐渐发展为沟槽、波纹和鱼鳞坑等特征的破坏形貌。

除了气蚀和泥沙磨损这两种力学作用理论,一些学者还提出电化学腐蚀机制、氧化腐蚀机制、热效应机制等理论,这些物理化学机制常常伴随力学作用,形成错综复杂的磨蚀破坏过程。

1.2.1.3 气蚀和泥沙磨损的联合作用

含沙水流中的水力装备在运行过程中,往往受到空化、高速水流及泥沙冲蚀等多重作用。因此,水力装备过流部件的破坏机制一般同时包括气蚀和泥沙磨损,两者相互作用、相互影响,形成气蚀和泥沙磨损的联合作用,简称磨蚀。一方面泥沙磨损加剧了空化和气蚀。水流夹杂的沙粒提高了气核的浓度,强化了空化产生的条件;同时泥沙磨损造成的粗糙表面促进了局部旋涡的形成,造成了空化产生的低压条件。另一方面,空化和气蚀也加剧了泥沙磨损。空泡溃灭所产生的“微射流”加快了沙粒向材料表面的冲击速度,沙粒微切削力增强,增大了材料的磨损量;此外,空蚀破坏造成的粗糙凹凸表面加大了沙粒的冲蚀角,加剧了沙粒对材料的切削和破坏。

磨蚀使破坏形貌发生了改变。空化对周围的液体产生扰流作用,使沙粒的冲蚀方向失去了一致性,影响了磨损形貌的方向性。在气蚀与泥沙磨损的联合作用下,最终形成点坑、裂纹、沟槽等多种破坏形貌。图1-2为泥沙磨损和气蚀与泥沙磨损联合作用对冲击式水轮机喷针造成的磨蚀形貌。

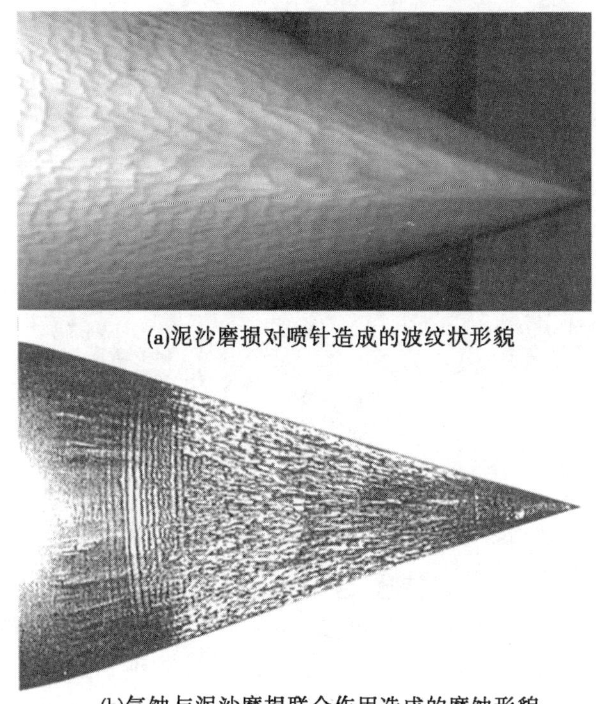

(a)泥沙磨损对喷针造成的波纹状形貌

(b)气蚀与泥沙磨损联合作用造成的磨蚀形貌

图1-2　磨蚀形貌

1.2.2　磨蚀影响因素

水力装备过流部件的磨蚀是在众多因素影响下极为复杂的过程,这些影响因素可以概括为内因和外因两个方面。以水轮机为例,内因主要包括过流部件材料性质、水轮机设计和水电站设计及运行等;外因主要包括水体物化环境、水流流体力学因素和泥沙物理特征等。这几方面因素系统地归纳于图1-3中。

在这些因素中,过流部件的材料性质直接影响其抵抗磨蚀的能力,其中力学性能是决定过流部件抗泥沙磨损和气蚀性能的重要因素。目前,材料抗磨蚀性能和力学性能之间的关系尚未建立起系统的理论模型,但相关研究和应用表明,在一般情况下,材料硬度越高,抵抗沙粒微切削、空化冲击波和微射流

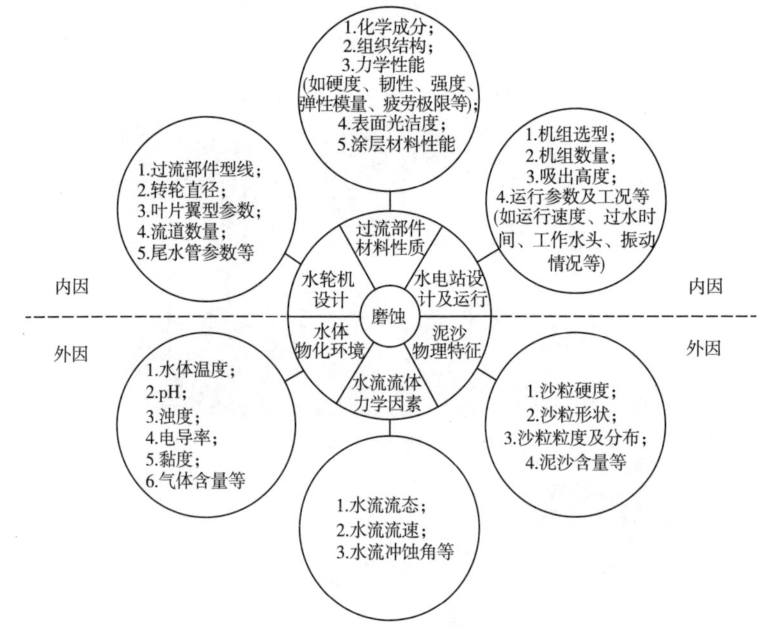

图 1-3　水轮机过流部件磨蚀的影响因素

等冲击作用的能力越强;材料韧性越好,吸收冲击能量的能力越强,可减少材料受冲击而产生的断裂破坏。然而,过高的硬度往往会导致材料韧性下降和脆性增加,易造成材料开裂剥落,反而对抗磨蚀性能不利。另外,弹性模量较高的材料能将冲击而来的沙粒或水流弹开,可减少塑性变形和疲劳破坏。因此,在材料设计和制备时,处理好材料硬度、韧性及弹性之间的关系,是提高材料综合抗磨蚀性能的关键。

1.3　水利水电领域的磨蚀及防护

1.3.1　典型水轮机磨蚀情况

水轮机是受磨蚀破坏最严重的水力机械之一。根据转换水流能量方式的不同,典型的水轮机类型及其磨蚀情况阐述如下。

1.3.1.1　冲击式水轮机

冲击式水轮机是将压力管道内的水经喷嘴转换为具有动能高速自由射流,冲向转轮水斗带动发电机转子转动从而产生电能的一种水力发电机。冲击式水轮机适用于高水头、小流量的电站,应用水头范围为 300~1 700 m。

水轮机的转轮受到喷射水流的冲击而旋转，水轮机的形状是无气穴的几何形状，但是由于反复受到河中侵蚀性物质的撞击，导致铲斗表面粗糙，铲斗容易发生气蚀，发生气蚀的部位包括水斗内表面及外侧、喷针头部。泥沙冲蚀磨损部位包括喷针的中部和尾部、喷嘴进出口边和水斗，磨损部位因局部不平整会诱发气蚀，气蚀后可以加剧局部磨损。因此，气蚀与泥沙磨损相互促进，两者综合作用所形成的磨蚀发生在喷针、喷嘴及水斗部位，磨蚀部位及表面破坏特征如图 1-4 所示。

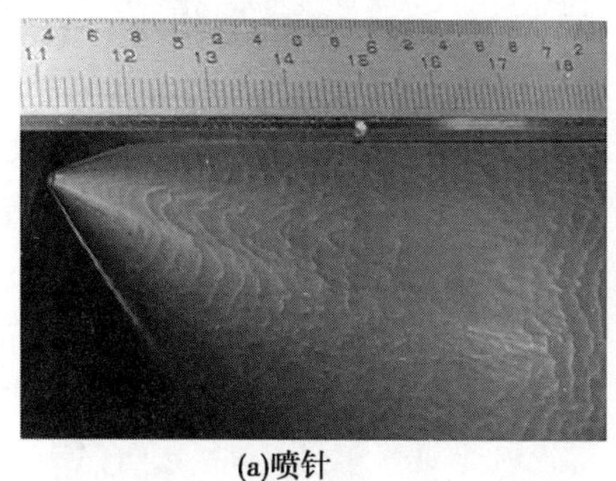

(a)喷针

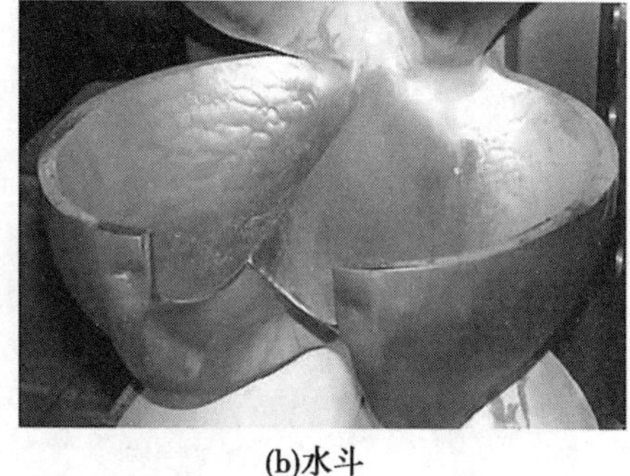

(b)水斗

图 1-4　冲击式水轮机磨蚀部位

1.3.1.2　**混流式水轮机**

混流式水轮机又称弗朗西斯式水轮机，水流从四周径向流入转轮，然后近似轴向流出转轮。混流式水轮机应用水头范围为 20～700 m，常用于高、中水头水电站。

混流式水轮机气蚀部位主要包括叶片背面、上冠叶道间、活动导叶里面及轴颈鼓包处后方、上冠泄水口锥口和尾水管进口等，如图 1-5 所示。泥沙冲蚀磨损部位包括转轮、导水机构和止漏环等。转轮部位主要是叶片与下环，特别是叶片出水边与下环交接处附近；导水机构部位主要是活动导叶端面与立面/顶盖与底环抗磨板（卧式机组为前后盖板）。磨蚀部位主要为转轮叶片背面、下环面、止漏环、尾水管锥管进口段，以及磨损部位磨损后诱发空化和气蚀而形成的磨蚀。

1.3.1.3　**轴流式水轮机**

轴流式水轮机是一种反击式水轮机，水流由轴向进入转轮沿其叶片自轴向流出，带动转轮转动发电。轴流式水轮机转轮主要由转轮体、叶片、泄水锥等组成。该机型使用水头范围一般为 3～80 m，常用于中低水头、大流量的水电站。

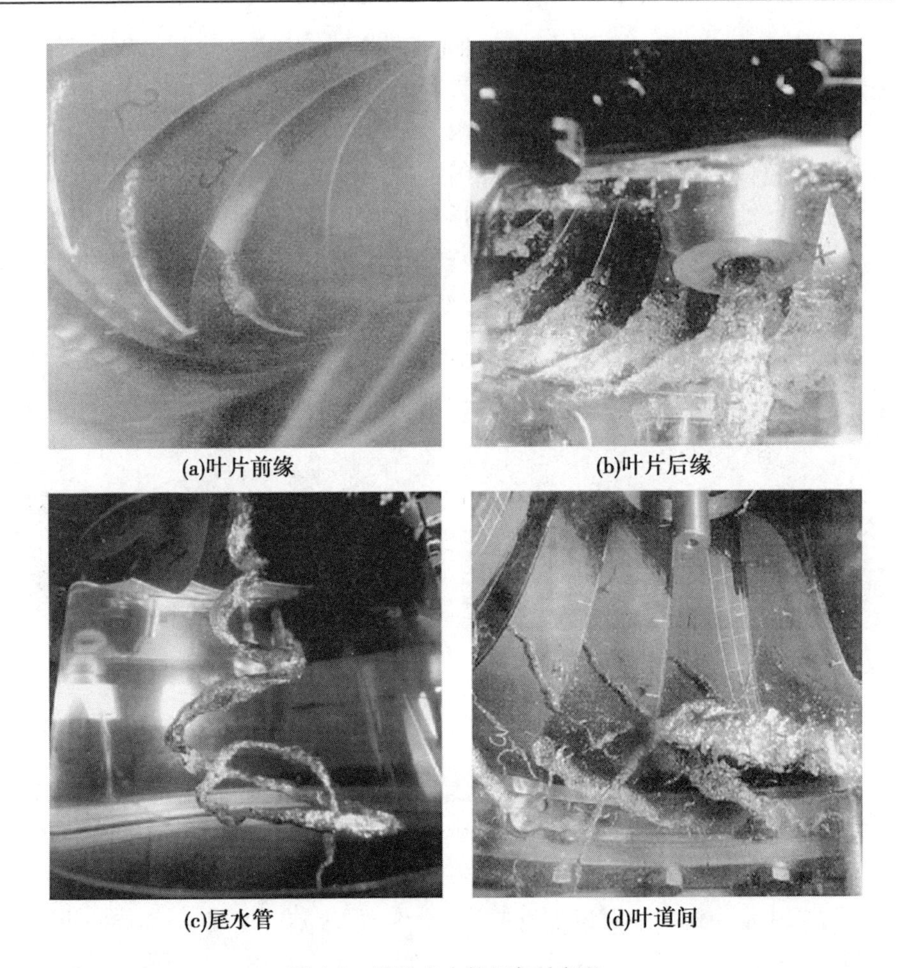

(a)叶片前缘 (b)叶片后缘

(c)尾水管 (d)叶道间

图 1-5　混流式水轮机气蚀部位

轴流式水轮机气蚀部位包括轮毂、转轮叶片背面(头部进水边、外缘、出水边)和转轮室中环。轴流转桨式气蚀主要发生在转轮室叶片轴线以下位置处。定桨式气蚀还可能发生在中环上部靠叶片进口边处,同时可能在叶片头部进口边处发生气蚀。轴流式水轮机气蚀部位模拟图如图 1-6 所示。磨损部位包括叶片正面和转轮室中环,叶片正面磨损呈现从内缘到外缘区域、从头部到出水边逐渐加重的趋势。严重时出水边可磨穿甚至小块脱落;背面规律相似,但磨损相对较轻。磨蚀部位包括叶片背面、叶片外缘及端面和转轮室中环。叶片磨蚀破坏典型特征如图 1-7 所示。

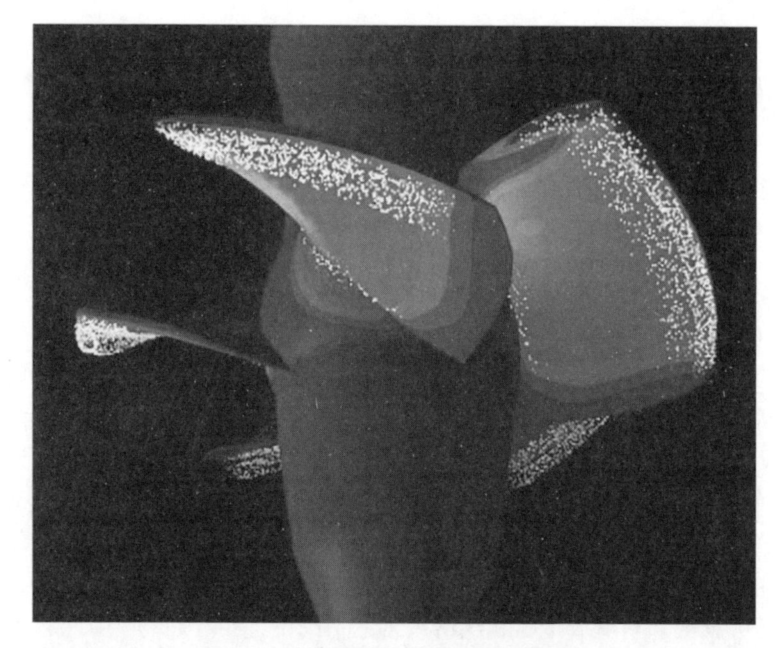

图1-6 轴流式水轮机气蚀部位模拟图

图1-7 黄河某水电站水轮机叶片磨蚀破坏典型特征

1.3.1.4 贯流式水轮机

贯流式水轮机是一种流道近似为直筒状的卧轴式水轮机,水流在流道内基本上沿着水平轴向运动,带动转轮轮缘上的发电机转子旋转,从而将水能转化为电能。根据发电机装置形式分为全贯流式和半贯流式。贯流式水轮机的适用水头为1~25 m,适用于低水头、大流量的水电站和潮汐式水电站。

贯流式水轮机气蚀部位包括转轮叶片外缘端面和转轮室中环。泥沙磨损部位包括叶片正背面外缘部分、外缘端面和转轮室中环。磨蚀部位包括叶片背面外缘部分、外缘端面和转轮室中环。

1.3.2　水泵磨蚀情况

1.3.2.1　我国灌排水泵规模概况

我国是世界上机电排灌大国,灌溉排水泵站在数量和规模上位于世界第一,经过50多年的发展建设,基本形成了以大型泵站为骨干、大中小型泵站相结合的机电灌溉排水工程体系,呈现出数量大、范围广、类型多的三个特点。据最新的全国水利发展统计公报统计,我国已建成固定机电灌溉排水泵站约43.5万处,装机功率约2 700多万kW,其中各类装机流量1 m^3/s或装机功率50 kW及以上的泵站95 468处。实现除涝面积达3.57亿亩(2 380万hm^2),保障灌溉面积达11.1亿亩(7 400万hm^2)。我国的灌溉排水工程体系使我国能够在水资源总量不足、时空分布不均、水土资源组合不协调,全球气候变暖、极端恶劣天气频繁造成干旱和洪涝灾害的情况下,为我国农业生产、粮食安全以及经济社会又快又好发展创造了良好条件。

1.3.2.2　高扬程水泵磨蚀情况

我国多数灌溉排水泵站在运行过程中均存在不同程度的水泵磨蚀问题。近年来,我国在高扬程提水灌溉泵站方面快速发展,其中扬程超过100 m、灌溉面积在667 hm^2以上的大型提灌工程有近70座,其中近60座位于甘肃、陕西、山西、宁夏等西北黄河流域地区,其特点是流量大、扬程高、投资大、耗能多,且多为多级泵站。这些大型提灌工程为促进西北地区农业生产和地方经济发展发挥了不可替代的作用。但由于所抽送的黄河水中含有大量泥沙,水泵的工况非常恶劣,严重影响泵站的正常运行。山西省夹马口电灌站、陕西东雷抽黄工程、南乌牛二级泵站等典型泵站的运行监测情况表明,在高泥沙磨蚀、气蚀破坏下,其寿命往往难以超过1年,扬程高的水泵仅运行1 000余h便报废。

1.3.2.3　水泵的泥沙磨蚀破坏与性能影响

类似于水轮机的泥沙磨蚀,含沙河流中的水泵也遭受严重的磨蚀破坏和性能下降问题。泥沙对水泵叶轮、口环等过流部件产生严重磨蚀,导致水泵运行寿命大幅度缩短,同时水泵出水量大幅度减小,工作性能和效率严重降低。水泵典型的磨蚀破坏特征见图1-8。

水泵性能下降主要来自两个方面:一方面是叶轮在泥沙的磨蚀破坏下直

径变小，口环间隙增大，漏水量增大，从而引起水泵性能曲线发生变化，使水泵工作点向左偏移；另一方面是由于水泵内含沙水流的流态比较复杂，其能量转换过程相比清水条件发生了变化，水泵性能参数下降。

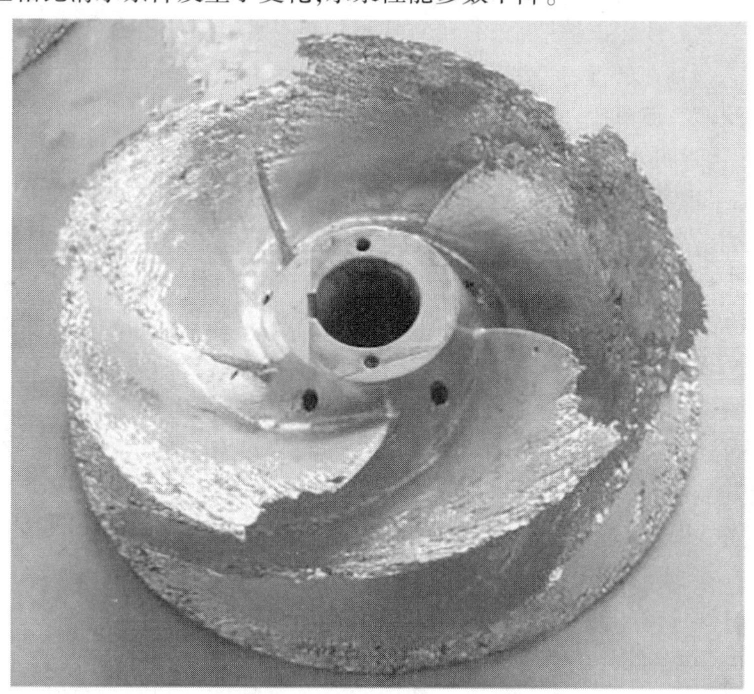

图1-8 水泵磨蚀特征

1.3.3 磨蚀防护措施

1.3.3.1 设置沉沙与排沙设施

如果缺乏必要的排沙设施和合理的排沙措施，大量泥沙将淤积在水利水电工程上游，为电站埋下巨大隐患，盐锅峡、改造前的三门峡曾发生类似的教训。因此，应当在进水口设置必要的拦沙、导沙、沉沙、冲沙和排沙等设施；预期较为严重时，引水系统应建设排沙洞、沉沙池等设施以降低过机泥沙量。另外，通过优化水沙调度，利用洪水排走泥沙，尤其是冲走大颗粒泥沙，以最大程度降低通过水轮机水流中的泥沙含量。例如，三门峡采取的“蓄清排沙”“洪水排沙平水发电”“底孔排沙”，刘家峡采取的“水库异重流排沙”“水库汛前低水位排沙”等运行方式值得借鉴。

1.3.3.2 优化水力和结构设计

在过流部件水力及结构设计上，应在规定的运行范围内保证清水条件不发生空化；流道内流速不宜设计过高，避免局部流速过高；水轮机设计参数设计时应酌情减小，如转轮出口直径宜选择较小参数以降低出口处圆周速度，使转轮到达最佳比转速；应适当增大导叶分布圆的直径，以降低区流速及改善转轮前的流态。此外，应对过流部件表面型线进行优化、使用合适的导叶翼型等，以改善过机水流的流态。

1.3.3.3 提高过流部件母材选型与制造水平

水力装备的过流部件如转轮叶片等，其母材的选型直接关系抗磨蚀性能，因此根据泥沙条件等选择合理的材料有利于提高使用寿命，可选择例如ZG20SiMn、ZG00Cr13Ni5Mo、ZG00Cr13Ni6Mo、ZG00Cr16Ni5Mo等高性能不锈钢替代传统的钢材。国外也开发出一些抗磨蚀钢材如ASTMA743(CA6NMl)、ASTMA487(CA6NM)、ASTMA240(S41050)等。但从使用情况来看，无论国内还是国外的材料其抗冲蚀性能基本接近，但目前没有一种材料能够达到抗冲蚀的理想要求。

此外，提高过流部件的制造水平可改善抗磨蚀性能，如采用数控机提高加工精度、减少工件尺寸误差，严格控制表面粗糙度（易磨部位不低于1.6 μm），保持流道平整光滑，避免出现焊缝、凸起、凹陷、台阶等不平整现象。

1.3.3.4 过流部件表面防护

一般情况下，磨蚀破坏主要发生在过流部件表面，因此最经济、最高效的方法就是在过流部件表面涂覆高强高硬涂层或弹性体涂层，对部件基体进行防护以达到延长使用寿命的目的。目前常用的金属硬质涂层材料包括碳化钨类金属陶瓷、硬质合金、高强度不锈钢等，通过堆焊、喷焊、热喷涂（火焰喷涂、等离子喷涂、电弧喷涂、爆炸喷涂等）、激光熔覆等表面工程涂覆于过流部件表面。其中，以超音速火焰喷涂技术最具代表性，水利部杭州机械设计研究所开发的超音速热喷涂纳米改性抗冲蚀涂层因其致密性优、孔隙率低（$<0.5\%$）、硬度高（$\geqslant$1 300 HV）、结合强度高（$\geqslant$125 MPa）、抗冲蚀性强（最高可达基体的20倍）等优点，被广泛应用到水力机械抗冲蚀应用中，并取得了良好的抗冲蚀效果。

此外，还有非金属涂层，如聚氨酯橡胶、环氧金刚砂、复合树脂、复合尼龙等高分子材料，通常采用浇注、涂抹等方法涂覆于过流部件上。

1.4　水力装备抗磨蚀涂层技术研究现状及展望

在表面工程技术中，涂层是过流部件抗磨蚀功能的载体，涂层的选材是决定其抗磨蚀性能的关键。目前抗磨蚀涂层主要有三类：一是硬质涂层，它具有很强的耐磨性，能有效抵抗硬质颗粒的磨损和气蚀破坏，这类涂层材料以金属材料为主，包括含碳化物等硬质相的金属陶瓷、硬质耐磨合金以及自熔性合金等；二是弹性体涂层，即软涂层，它能够耗散沙粒的动能和空泡溃灭时对工件表面的冲击能量，起到“以柔克刚”的效果，这类涂层材料以高分子聚合物等非金属材料为主；三是复合涂层，由两种或两种以上不同性质的材料组成，各组分在性能上取长补短，使涂层综合抗磨蚀性能大幅度提高。此外，涂层的制备技术和工艺也是影响涂层性能的重要因素，尤其对于金属涂层的组织结构、涂层与基体结合类型及结合强度等方面有很大的影响。以下分别对这三类代表性涂层技术的材料、工艺等方面的研究进展进行论述，并展望其发展趋势。

1.4.1　热喷涂金属陶瓷涂层

金属陶瓷涂层是由高硬度的陶瓷相与高韧性的金属或合金黏结相构成的，兼有较高的耐磨性和冲击韧性，具有很强的抗磨蚀性能。典型的金属陶瓷耐磨涂层材料有 WC-Co、WC-CoCr、Cr_2C_3-NiCr 和 NiCrSiFeC 等。热喷涂技术利用热源将粉状或丝状金属陶瓷材料加热至熔融或半熔融状态，并通过焰流本身或者高速气流将其喷射到基体表面，冷却后形成以机械结合为主的金属陶瓷涂层。热喷涂技术主要有火焰喷涂、电弧喷涂、等离子喷涂和爆炸喷涂等。典型的粉末火焰喷涂过程和 WC-10Co4Cr 金属陶瓷粉末微观形貌分别如图 1-9 和图 1-10 所示。

超音速火焰喷涂（High Velocity Oxygen Fuel，HVOF）技术制备 WC-Co 金属陶瓷涂层是常用的水力装备抗磨蚀涂层工艺。较传统的火焰喷涂工艺，HVOF 技术超高的粒子飞行速度和相对较低的温度减少了材料的氧化分解和烧损，同时粉末受热更均匀，使涂层具有较好的致密性和结合强度，因此 HVOF 技术制备金属陶瓷涂层抗磨蚀性能较强，并在小浪底、刘家峡等水电站轮机叶片的应用上均取得较好的抗磨蚀效果。然而，热喷涂金属陶瓷涂层与基体及颗粒间主要依靠机械结合，且组织中存在孔隙，因此涂层结合强度不够高，在高强度的冲蚀磨损和气蚀作用下易剥落。

研究发现，纳米级金属陶瓷粉末因小尺寸效应和表面效应易于熔融，在喷

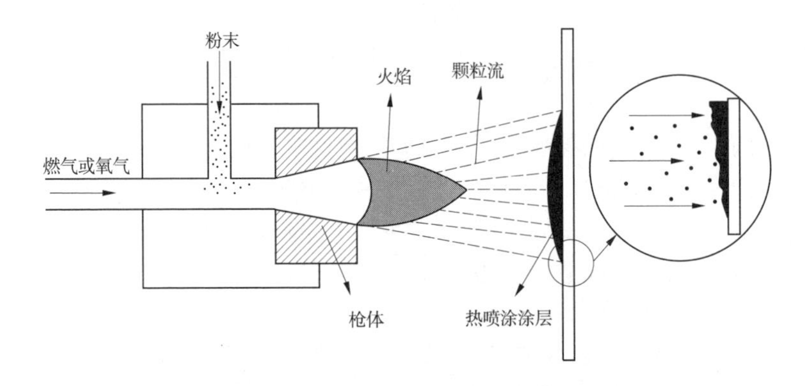

图 1-9 粉末火焰喷涂过程示意图

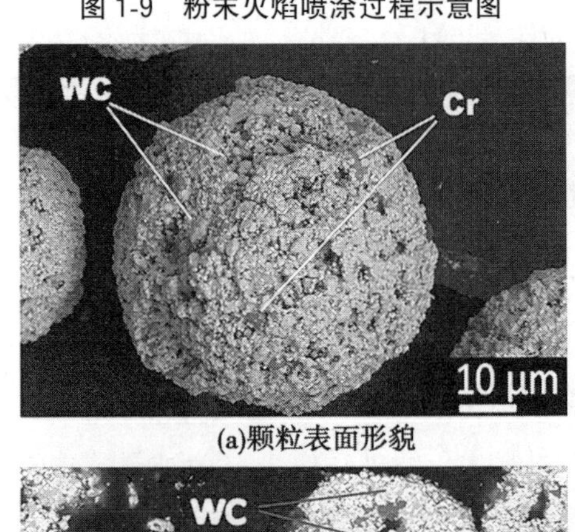

(a)颗粒表面形貌

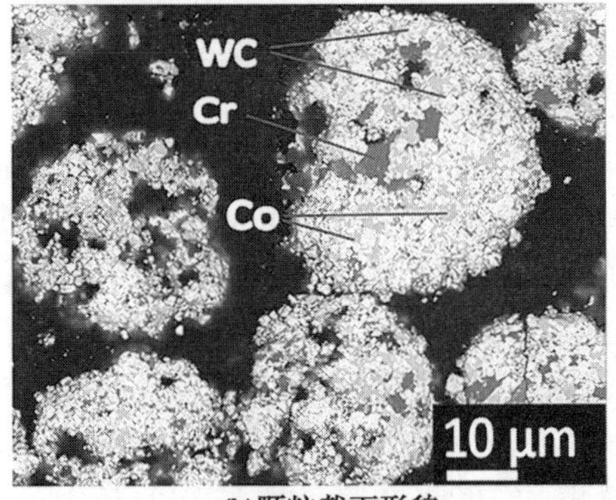

(b)颗粒截面形貌

图 1-10 WC-10Co4Cr 金属陶瓷粉末微观形貌

涂过程中平铺性好,可形成结构致密、孔隙率更低、结合强度更高的涂层;另外,纳米陶瓷颗粒能够均匀地弥散在韧性金属基体中,可同时提高涂层的硬度和韧性,因此基于 HVOF 技术制备纳米结构 WC-Co 涂层近年来已成为国内外研究重点。Wu 等采用 HVOF 技术在 1Cr18Ni9Ti 不锈钢基体上制备了纳米结构 WC-CoCr 涂层,其微观形貌如图 1-11 所示,可见涂层结构致密且与基底结合良好,孔隙率低,此外涂层中产生的不定型相、纳米晶颗粒(Co-Cr)以及 Co_3W_3C、Co_6W_6C 等多种碳化物,提高了涂层的硬度,使涂层具有优良的抗磨蚀性能。作者对比研究了 HVOF 制备的微米和纳米结构 WC-10Co4Cr 涂层,发现纳米涂层组织致密,孔隙率更低,显微硬度和结合强度分别达到 1 424 $HV_{0.2}$ 和 72 MPa;同时纳米结构细化了涂层晶粒,增强了显微硬度和韧性,提高了涂层的抗微切削和抗疲劳剥落性能,因此纳米涂层的抗泥沙冲蚀性能更加优良。Thakur 等用多壁碳纳米管(Multi-walled Carbon Nanotubes,MWCNTs)对纳米 WC-10Co4Cr 粉末进行改性,研究发现,MWCNTs 提高了 HVOF 纳米涂层的断裂韧性,抑制了涂层材料的脆性断裂,极大地提高了涂层的抗泥沙冲蚀性能。

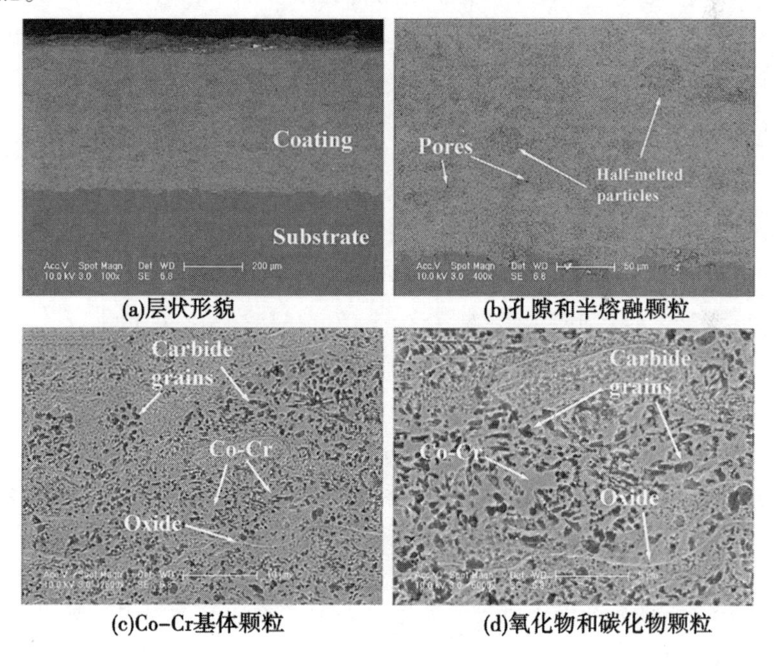

(a)层状形貌 (b)孔隙和半熔融颗粒

(c)Co-Cr基体颗粒 (d)氧化物和碳化物颗粒

图 1-11 HVOF 技术制备 WC-CoCr 涂层截面扫描电子显微图像(SEM)

HVOF 技术通常采用含氧量较高的气体和一定高温的火焰,容易造成 WC 粉末,特别是纳米结构 WC 粉末颗粒氧化脱碳,生成的 WC_2 等脆性相降低了涂层的韧性和抗磨蚀性。李超等发现多峰结构的 WC-10Co4Cr 粉末可有效改善高温下的脱碳问题,多峰结构涂层具有多尺度组织结构、低孔隙率、高显微硬度和高开裂韧性等优点,抗冲蚀磨损性能更加优异。此外,超音速空气-燃料燃气喷涂(High Velocity Air Fuel,HVAF)技术采用空气和氧气混合气助燃,且火焰温度更低,也可有效控制 WC 的氧化脱碳。王国刚等利用活性超音速空气-燃料燃气喷涂(Activated Combustion HVAF,AC-HVAF)技术制备了 WC-12Co 金属陶瓷涂层,发现涂层中未出现 WC 粒子氧化和脱碳现象,在相同泥沙磨损试验条件下涂层的磨损量仅为 ZG00Cr13Ni5Mo 不锈钢的 1/10。赵翔等利用 AC-HVAF 技术在 16Mn 钢表面制备了 WC-10Co4Cr 涂层,试验结果表明,涂层的磨粒磨损质量损失量只有 16Mn 钢的 1/266,大大提高了基体的抗磨粒磨损性能。Wang 等研究发现,与 HVOF 工艺相比,HVAF 技术制备的 WC-10Co4Cr 涂层脱碳率和孔隙率较低,硬度和断裂韧性更高,因而其抗气蚀和泥沙磨损性能更强。

以 HVOF 技术为代表的热喷涂金属陶瓷涂层技术,因其优良的抗磨蚀性能将不断扩大在水轮机抗磨蚀领域的应用。通过研究新型材料体系和优化涂层制备工艺,减少涂层的孔隙和脱碳问题,以进一步提高涂层的结合强度以及硬度与韧性的兼容性,是抗磨蚀金属陶瓷涂层发展的主要方向。

1.4.2　堆焊金属层

堆焊是借助焊接的方法将具有一定性能的合金材料堆敷在工件表面的工艺。堆焊焊层与基体形成冶金结合且焊层硬度高,因而具有较强的抗磨蚀性能。堆焊工艺主要有焊条电弧焊、气体保护电弧焊和埋弧堆焊等。

焊条电弧焊是研究较早、应用较为成熟的水力装备抗磨蚀技术手段之一。焊条种类主要有高碳奥氏体不锈钢型(如 A102、A132 等),低碳马氏体不锈钢型(如 0Cr13Ni5MoRe、16-5、17-4 系列等)和高铬铸铁型(如耐磨一号、瑞士 5006 等)。中国科学院金属研究所王者昌等在总结多种类型焊条耐磨性的基础上研制了低碳镍铬硼合金系的 GB1 堆焊金属,其抗磨蚀性分别为 1Cr18Ni9Ti 钢和 0Cr13Ni5Mo 钢的 6.7 倍和 5.6 倍,并成功应用于三门峡水轮机的磨蚀修复,较好地解决了空蚀及空蚀和泥沙磨损联合作用问题。Romo 等采用焊条电弧焊技术在 13-4 不锈钢表面堆焊了钴基合金 Stellite 6,研究发现焊层的抗气蚀性能较基体提高了 15 倍,且抗泥沙磨损性能在各个攻角下均优于基体。Santa 等利用焊条电弧堆焊技术在 13-4 不锈钢表面分别制备了 AWS E309 合金和高钴不锈钢 HCo 焊层,并与 E410NiMo 合金的焊条电弧焊层和 ER410NiMo 合金的气体保护焊层进行对比研究,结果表明,HCo 钢在堆焊过程中发生马氏体相变,其焊层具有最佳的抗气蚀性能。然而,传统焊条电弧焊焊层存在厚且不均匀、焊层稀释率高和熔合区易变脆等缺陷,在气蚀的作用下易产生裂纹,不能彻底解决过流部件的磨蚀问题;此外,焊条电弧焊加工余量大,对工件基体材料的可焊性要求高,且焊接效率较低。因此,目前焊条电弧焊仅用于小批量和不规则工件的堆焊及现场修复。

埋弧堆焊工艺是一种先进的高效堆焊技术,与焊条电弧焊相比,埋弧堆焊工艺焊层稀释率低,熔敷速度快,自动化程度高。尤其是带极埋弧堆焊,具有焊道及其搭接数量少、焊道熔深均匀、焊层光滑和裂纹敏感性小等优点,因而适用于大面积工件堆焊。图1-12为带极埋弧堆焊工艺示意图。李华采用H134焊带和SJ315烧结焊剂对母料为ZG20SiMn钢的水轮机顶盖进行了带极埋弧堆焊,堆焊层熔合良好无缺陷,硬度为HRC45,焊层组织为板条状马氏体组织,保证了焊层的耐磨蚀性能。

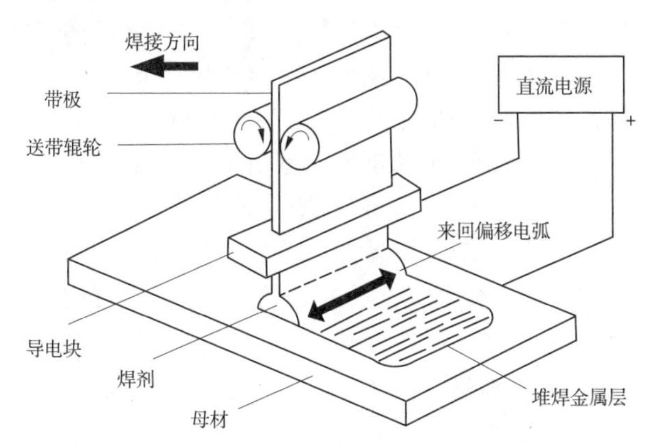

图1-12　带极埋弧堆焊工艺示意图

为进一步降低母材对焊层的稀释作用,提高熔合区的韧性和焊层抗气蚀性,一些研究者提出采用双层带极堆焊工艺,即先堆焊过渡层,再堆焊耐气蚀磨损层。王爱民等在ZG20SiMn型水轮机过流部件母材表面埋弧堆焊了耐气蚀磨损涂层,分别采用哈尔滨焊接研究所研制的HD00Cr24Ni13和HD00Cr21Ni10带极作为上冠、顶盖和底环的过渡层,HD0Cr17作为耐气蚀磨损层,其综合性能试验和转轮模拟件抗裂试验表明该堆焊层具有良好的工艺性能。李明伟等采用EQ309L焊带作为中间过渡层、EQ430DL焊带作为表面抗磨蚀层对毛尔盖电站母材为Q235B的水轮机导水机构底环过流面进行带极埋弧堆焊,超声检测和硬度测试表明,堆焊层熔合良好、内部无缺陷,且表面硬度达到设计要求,保证了焊层抗磨蚀要求。

堆焊作为一种较为成熟的水力装备抗磨蚀涂层技术,在降低焊层稀释性、改善裂纹等结构缺陷和提高堆焊工艺自动化程度等方面仍具有一定的研究空间和应用价值。

1.4.3　激光熔覆金属层

激光熔覆是20世纪70年代起兴起的一种先进、高效的表面工程技术,它利用高能密度的激光束将合金或陶瓷粉末与基体表面迅速加热熔化,冷却后形成稀释率低、与基体产生冶金结合的熔覆层,熔覆涂层组织均匀细小,能极大地提高材料的硬度和耐磨性。

目前激光熔覆层的粉末材料主要有Co、Ni、Ti、Mo基合金,以及通过添加Si、B等元素获得的自熔性合金等。柳伟等在水轮机20SiMn低合金钢叶片表面激光熔覆制得钴基合金层,并进行了气蚀、液固两相流冲刷磨损及气蚀和冲刷磨损联合作用试验,研究发现涂层在气蚀过程中发生应力诱发马氏体相变,其抗气蚀性能明显高于水轮机转轮用材20SiMn钢和0Cr13Ni5Mo钢。Singh等利用激光熔覆在13Cr-4Ni不锈钢表面制备了钴基合金Stellite 6涂层,研究发现涂层中存在Cr_2C_3和W_2C等碳化物硬质相,激光能量密度为32 J/mm^2时涂层硬度达到最大(705 HV),抗气蚀性能提高了90%以上;13Cr-4Ni钢基体和激光熔覆Stellite 6合金层气蚀后的表面形貌如图1-13所示,可见激光熔覆层较基体表面平整,无裂纹和蚀坑。张小彬等采用镍基自熔合金NiCrSiB粉末在NiCrMo不锈钢表面进行激光熔覆处理,研究发现熔覆层组织均一、致密且与基体形成良好的冶金结合;同时熔覆层中存在硼化物、硼碳化物等析出相,其抗气蚀能力提高到CrNiMo基体的3倍。Paul等在AISI 316L不锈钢表面分别激光熔覆了镍基合金Colmonoy-5和铁基合金Metco-41C两种无钴合金,并与钴基合金Stellite 6进行对比,研究发现Metco-41C合金熔覆层在空化作用下发生加工硬化性,具有优良的抗磨性和抗气蚀性,可用于替代常用的钴基合金。

在合金粉末中加入碳化物、氮化物等陶瓷增强相可以进一步提高熔覆层抗磨蚀性。Balu等基于激光粉末沉积技术在AISI 4140钢表面熔覆了WC含量不同的单层和多层Ni-WC沉积层,研究发现两种熔覆层均能大幅度提高基材的抗磨损性,多层熔覆层在各测试攻角下的抗泥沙磨蚀性能均优于单层熔覆层。江桦锐利用激光表面改性技术在材质为00Cr13Ni4Mo钢的水轮机叶片表面制备了Ni60添加氮化物(TiN、CrN)和碳化物(WC)的熔覆层,研究表明陶瓷相能有效增强涂层的硬度,Ni60+15%WC+30%TiN激光熔覆层耐磨性

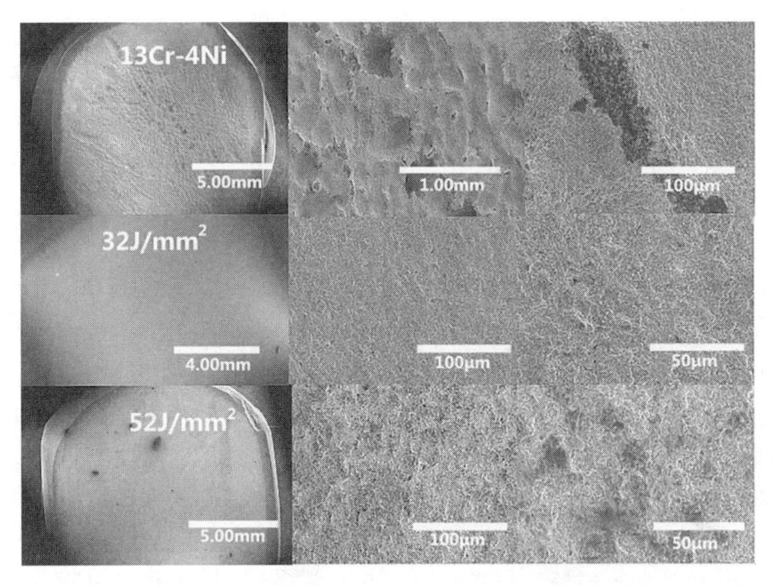

图1-13　13Cr-4Ni不锈钢和激光熔覆层在3.5%(质量分数)的NaCl溶液中气蚀30 h后的表面形貌

最好。

激光表面熔覆技术对工件尺寸影响小、涂层抗磨蚀性能优良、自动化程度高,近年来随着大功率激光器的发展,激光熔覆将不断走向实用化。探索激光熔覆层新材料,控制熔覆过程中易出现的裂纹等缺陷,并进一步实现激光熔覆过程的精确可控,是未来激光熔覆制备抗磨蚀涂层的主要研究方向。

1.4.4　环氧树脂涂层

非金属涂层是水力装备过流部件普遍采用的防护措施,相比金属涂层,具有成本低、工艺简单等优点。环氧树脂(Epoxy Resin)是一种常用的非金属材料,它是含有两个或两个以上活泼的环氧基团的高分子化合物,固化后的产物具有较高的力学性能和化学稳定性。同时,环氧树脂因其分子链固有的极性羟基和醚键而具有很高的黏结性,目前环氧树脂涂层已在水轮机等水力装备抗磨蚀领域得到广泛应用。

环氧树脂涂层通常采用Al_2O_3、SiO_2、SiC等硬质相对树脂基体进行增强改性,以提高涂层的耐磨性。研究较早的环氧金刚砂涂层是将环氧树脂与金刚砂颗粒配成胶泥涂覆在过流部件表面,该涂层在葛洲坝、三门峡等水电站的应用情况表明,涂层对水轮机转轮体、叶片正面等非气蚀区具有良好的抗沙粒磨损效果，但叶片背面、转轮室中环等强气蚀区脱落严重，防护效果较差。这主要由于固化后的环氧树脂基体韧性较差，涂层内应力大，在强气蚀条件作用下易脱落；此外，环氧树脂复合涂层中硬质相与树脂基体黏结性较差，增强相颗粒易脱落，使得增强相-基体结合界面成为涂层在气蚀作用下裂纹的形核位置。

通过液体橡胶、弹性体、热塑性树脂等韧性相对环氧树脂涂层增韧改性，是提高其抗气蚀性的有效途径之一。胡少坤等将端羟基聚丁二烯液体橡胶（Hydroxyl-terminated Polybutadiene，HTPB）以化学键合的形式接枝到环氧树脂上，然后通过四乙烯五胺固化制成 HTPB 改性环氧树脂复合材料，再加入300%陶瓷微珠耐磨填料制得涂层材料，该涂层在水轮机叶片经过 6 个月的运行后无脱落，表面基本无磨痕，有效地保护了水轮机叶片。邢志国等则以聚氨酯（Polyurethane，PU）作为增韧剂对环氧树脂基涂层改性，PU 链段可无规则穿到 EP 链段中，形成互穿聚合物网络（Interpenetrating Polymer Networks，IPN），显著提高环氧树脂涂层的韧性，并改善了 SiC 增强相与树脂基体的黏结性，从而提高了涂层的抗磨蚀性。

此外，采用微米、纳米级颗粒作为增强相能有效改善其与树脂基体的黏结性，从而提高环氧树脂涂层的抗磨蚀性。Kang 等利用环氧化合物表面改性活性纳米 SiO_2（Reactive Nanosilica Surface-modified with Epoxide，RNS-E）对环氧树脂填充改性，使填充相与树脂基体之间具有较高的结合强度。如图 1-14 所示，纳米 EP/SiO_2 复合涂层中均匀弥散着一定量的孔洞和微小气泡，起到应力容量球的作用，使增强相能够有效地将外应力传递至树脂基体，减轻了材料的冲击破坏；此外涂层截面致密均匀，与基底之间具有较高的黏结力。夏松钦以微米 Al_2O_3 硬质颗粒和具有增加韧性效果的复合固化剂对环氧树脂基体进行改性，在 Q235-A 钢基板上制备出一种成本低廉、常温固化且结构致密的 Al_2O_3 颗粒/环氧树脂基复合涂层，其耐磨性约为基板的 3 倍。

提高环氧树脂涂层基体的韧性，以及增强相与树脂基体的黏结性是提高涂层抗气蚀性能的关键，也是环氧树脂复合涂层研究的重点。此外，环氧树脂涂层材料的耐久性和水下施工性也有待于关注和研究。

1.4.5　聚氨酯弹性体涂层

聚氨酯是一种内聚能很高的弹性体材料，它兼有橡胶的高弹性和塑料的高强度；同时，聚氨酯分子结构中含有多种极性共价键，具有一定的黏附力，因此聚氨酯弹性体是一种良好的非金属抗磨蚀涂层材料。

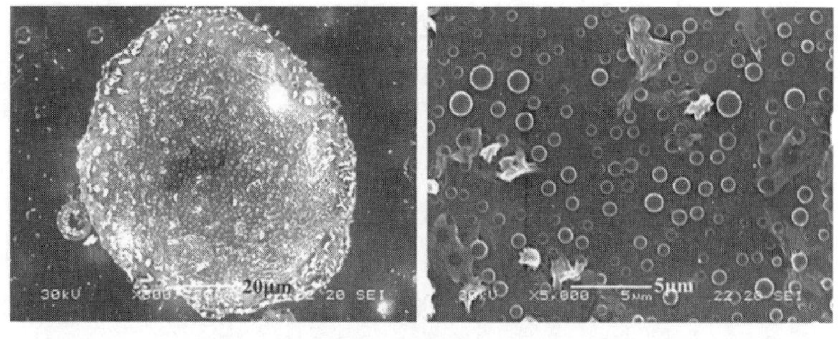

(a)表面形貌,m(EP):m(RNS–E)=8:1

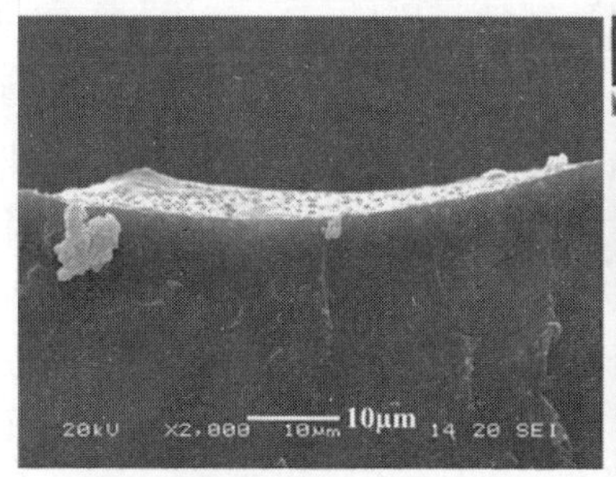

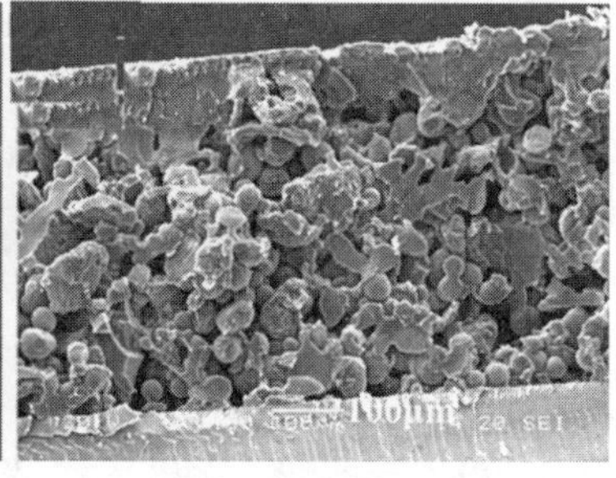

(b)截面形貌,m(EP):m(RNS–E)=8:1　　(c)m(EP): m(RNS–E)= 8:3

图 1-14　EP/SiO_2 复合涂层扫描电子显微图像(SEM)

聚氨酯弹性体涂层目前已应用于三门峡、青铜峡、小浪底等水电站的水轮机叶片、导叶、底环和顶盖等过流部件的防护,并取得了良好的抗磨蚀效果。张瑞珠等在水轮机 0Cr13Ni5Mo 钢叶片上喷涂制得聚氨酯弹性体涂层,研究表明,聚氨酯涂层具有独特的软、硬段相嵌段结构,高硬度的硬段能承受磨粒的切削力,高弹性的软段可缓冲外界冲击功,因此具有优良耐磨性与抗气蚀性。

聚氨酯弹性体涂层的失效案例表明,硬物割伤是涂层撕裂脱落的主要原因之一。近年来一些研究者通过硬质相增强、化学改性等方法以进一步提高涂层的抗磨性和机械强度。陈宝书等采用预聚体法制备了聚氨酯弹性体/微米 SiO_2 复合材料,并通过超声波分散提高了 SiO_2 在基体中的分散性,研究发现 SiO_2 粒子与聚氨酯形成三维网状结构,使材料具有较强的内部结合力;微米 SiO_2 粒子通过界面效应将外应力传递给弹性体,弹性体通过高弹形变吸收部分能量以减少冲击破坏,从而提高了复合材料的抗磨蚀性能。Xu 等制备了聚芳基酰胺纤维和超高分子量聚乙烯纤维改性聚氨酯基材料,当改性纤维质量分数高于 10%时,复合材料具有稳定的力学性能,其抗弯强度从 10~15

MPa 增至 55 MPa,具有良好的耐气蚀磨蚀性能。张瑞珠等采用全氟烷基乙醇对二苯基甲烷二异氰酸酯(Diphenyl-methane-diisocyanate,MDI)修饰的方法在聚氨酯链上引入疏水性的含氟链段。研究发现,含氟聚氨酯具有优良的耐水性,可有效减少水流冲蚀作用;同时,氟改性增加了 MDI 分子间的内聚能,提高了硬段微区的弹性模量和抗张强度,能缓冲沙粒等高速磨粒和溃灭的气泡对涂层的冲击力,显著提高了涂层的抗磨损和抗气蚀性能。Tang 等则采用 MoS_2 对聚氨酯进行改性,制备了超疏水 PU/MoS_2 纳米复合抗磨涂层,使涂层具有优良的疏水性和稳定的抗磨性。

此外,聚氨酯弹性体涂层与母材的黏结性是影响其抗气蚀性能的关键因素。目前涂层结合强度普遍仅有 20 MPa 左右,在强空化区长期的脉动负压作用下易剥离脱落,大大制约了聚氨酯涂层在水力装备上的应用。孙明明等通过自行合成的聚酯多元醇与其他材料配合使用,研制了两种室温固化聚氨酯胶黏剂,与环氧树脂配合用作水轮机叶片保护涂层,具有优异的黏结性能和良好的室温操作性。目前,国内外在聚氨酯涂层黏结性方面的研究报道仍然较少,聚氨酯涂层与基体的黏结强度有待于进一步提高,这也是聚氨酯涂层重要的研究方向。

1.4.6 复合涂层

除了上述几种涂层,目前用于水力装备抗磨蚀的涂层技术还有镀铬、喷焊、电火花强化、复合尼龙涂层等。在不同的水流条件和含沙状况下,涂层磨蚀机制和破坏形式复杂各异,单一的涂层往往不能达到满意的抗磨蚀效果。因而,近年来研究人员开始关注复合涂层技术,即同时运用两种或两种以上涂层工艺或材料在基体表面进行处理,制备综合性能优异的复合涂层。

赵元元等以聚氨酯涂层为表层、电火花熔覆层(YG8)为底层,在 0Cr13Ni5Mo 钢基体表面制备了双层复合涂层,涂层兼有软涂层的高韧性和硬涂层的高硬度、高强度,因而具有优良的抗气蚀性能和耐磨性。王建升将铁镍基合金粉末激光熔覆在水轮机转轮叶片表面上形成硬质合金涂层,再用电火花技术沉积 WC 陶瓷硬质合金层,该复合涂层与基体产生冶金结合,硬度提高了 3~4 倍,耐磨性提高了 1~3 倍。庞佑霞等设计了一种由环氧树脂底层、橡胶中间层、聚氨酯抗磨蚀层和辅助表面层构成的叶轮用多层复合涂层,实现涂层与金属母体高强度结合,能有效减缓沙粒和射流对水轮机的冲击作用。复合涂层的各组分材料在性能上取长补短,克服了单一材料的缺陷,有效提高了涂层的综合抗磨蚀性能。

梯度功能材料(Functionally Gradient Materials,FGM)是一种新型复合材料,它采用材料复合技术使材料中间部分的组分、结构和物性参数沿厚度方向呈梯度变化,从而使材料的性质和功能也呈连续性变化。近年来梯度功能材料在水力装备抗磨蚀涂层技术领域也受到了关注和应用。陈奕林等在水轮机叶片表面按照由里到外填料逐渐增加、粒度逐渐减小的趋势分布进行梯度设计,制得 SiC 呈梯度分布的环氧树脂复合涂层,摩擦磨损试验表明,以 800#SiC 为改性填料的梯度涂层的耐磨性达到普通环氧树脂涂层的4倍。杨帆等利用喷粉法控制 SiO_2/EP 复合涂层中颗粒增强相的沉降,使不同粒径的 SiO_2 颗粒呈梯度分布,涂层黏结性与耐磨性均高于共混法制备的涂层。如图1-15所示,喷粉法制备涂层中,细小 SiO_2 颗粒主要分布在涂层表层,提高了表面的硬度和耐磨性;大中粒径颗粒分布在涂层内部,增强了涂层强度和刚度;涂层底部为纯环氧树脂材料,保证了涂层与基体的黏结强度。梯度功能涂层在更大程度上实现了复合材料各组分之间优势互补,达到“1+1>2”的协同效应,可大幅度提高材料表面性能,是未来水力装备抗磨蚀涂层的重要发展方向。

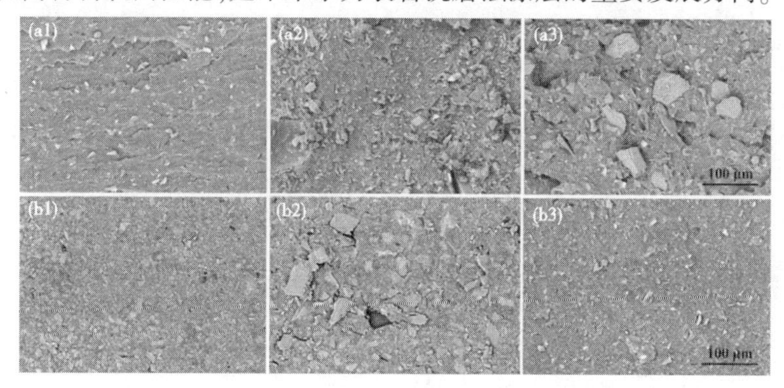

图1-15 SiO_2 颗粒在共混法(a)和喷粉法(b)制备的复合涂层中不同位置的分布:表层(a1,b1);内部(a2,b2);底层(a3,b3)

1.5 小 结

(1)我国各大流域的水利水电枢纽的水力装备过流部件在不同程度上面临磨蚀问题,在泥沙冲蚀、气蚀、磨损、疲劳、腐蚀等综合交互作用下,导致过流部件破坏失效,大大降低服役寿命,同时影响水力装备的安全稳定性,严重威胁水利水电设施的运行安全。抗磨蚀涂层技术研究对保障水电站安全稳定运行、延长水轮机组寿命和提高经济效益具有重要意义。

(2)主要的抗磨蚀措施有设置沉沙与排沙设施、优化水力和结构设计、提高过流部件母材选型与制造水平、提高过流部件母材选型与制造水平和过流部件表面防护。其中,最经济、有效的方法就是利用表面工程技术在过流部件表面进行涂层防护,以提高其抗磨蚀能力。

(3)目前典型水力机械抗磨蚀涂层有热喷涂金属陶瓷涂层、堆焊涂层、激光熔覆涂层、环氧树脂涂层、聚氨酯弹性体涂层以及复合涂层。热喷涂涂层存在孔隙率高、结合强度低等问题,需进一步提高结合力和致密度,改善硬度和韧性的兼容性。堆焊和激光熔覆需降低涂层的稀释率,改善裂纹、气孔等缺陷。环氧树脂、聚氨酯等非金属涂层具有成本低、工艺简单等优点,但同时存在结合强度低、韧性不足、易老化等缺陷,在强气蚀条件下易剥落。

(4)在诸多涂层技术中,目前以超音速火焰喷涂技术(HVOF)为代表的热喷涂技术最具应用价值。通过研究新型材料体系和优化涂层制备工艺,减少涂层的孔隙和脱碳问题,以进一步提高涂层的结合强度以及硬度与韧性的兼容性,是抗磨蚀金属陶瓷涂层发展的主要方向。

第2章　氧-丙烷超音速火焰喷涂技术及应用

2.1　引　言

WC-CoCr金属陶瓷硬质涂层因具有高硬度、高强度及良好的耐磨性等特点,被广泛应用在航空航天、水利水电、机械制造等领域的工件表面抗磨损强化。目前,WC-CoCr涂层主要通过热喷涂技术制备,典型的工艺方法有等离子喷涂、电弧喷涂、爆炸喷涂和超音速火焰喷涂等,其中又以超音速火焰喷涂技术(HVOF)最具代表性。氧-燃气氧-燃气超音速火焰喷涂是利用丙烷(或丙烯、氢气等燃气)作为燃料与助燃剂氧气混合在高温高压焚烧室内进行燃烧,经过一个紧缩-胀大枪管喷射而出获得超音速喷涂焰流,将粉末材料加热至熔融或半熔融状态并通过焰流本身将其喷射到基体表面,冷却后形成以机械结合为主的金属陶瓷涂层。较传统火焰喷涂工艺,HVOF具有粒子飞行速度高、焰流温度适中、燃料成本低等优点,减少了材料的氧化分解和烧损,使涂层具有较好的致密性和结合强度。

近年来,纳米材料技术的发展为超音速火焰喷涂技术制备WC-CoCr金属陶瓷涂层的性能提升注入新的活力,国内外表面技术领域的诸多学者在超音速火焰喷涂制备纳米WC-CoCr涂层方面开展了大量研究。由于纳米材料的小尺寸效应、表面效应等殊于传统材料的特点,超音速火焰喷涂制备WC-10Co4Cr涂层的组织与性能对于喷涂工艺参数变化更加敏感,工艺参数的合理与否直接影响涂层的组织与性能。此外,对于具有狭窄内部结构的过流部件如混流式转轮内流道、水泵叶片背面等,常规HVOF喷枪由于热喷涂自身的工艺特性难以深入工件内部,无法实现理想的喷涂距离、垂直角度,以及精确控制的喷枪活动自由度和运行速度,因此常规HVOF工艺难以有效解决内结构喷涂问题。国内外研究者主要利用HVOF的长焰流(120~340 mm)特点将焰流从外侧斜向射入工件内壁形成涂层,同时通过调整优化机械手的运动轨迹使喷枪以不同角度、移动速度对工件内壁不同深度处进行喷涂。然而该方法无法深入狭窄空间内部喷涂,也难以有效保障工艺质量和涂层性能。近年来,内孔喷枪的发展为这一难题的解决提供了便利,国内外一些研究机构研究开发了基于超音速火焰喷涂的内孔喷枪,通过将小型化的喷枪加长延伸至工件内部,同时多喷涂角度的喷枪设计可在最大程度上实现近垂直喷射,从而保证涂层的组织与性能。

基于上述要点,本章相关研究采用氧-丙烷 HVOF 技术制备纳米 WC-10Co4Cr 金属陶瓷涂层,系统研究了 0°主喷枪、45°和 90°延长内孔喷枪制备涂层的组织和性能,探究了喷涂距离、喷涂角度等狭窄空间条件对涂层的表面粗糙度、组织成分、孔隙率、显微硬度等涂层性质的影响,并在高泥沙环境下对比了三种涂层抗泥沙磨蚀性能。此外,本章详细描述了氧-丙烷 HVOF 技术在狭窄空间下的应用案例,为超音速火焰喷涂技术在水利水电领域的研究和应用提供有益实践经验和工艺参考。

2.2　研究材料与方法

2.2.1　试验材料

涂层喷涂材料为团聚结构的纳米 WC-10Co4Cr 金属陶瓷粉末(粒径为 15~45 μm),基材采用 ZG00Cr13Ni5Mo 不锈钢(为水轮机专用不锈钢),主要化学成分[质量分数,(%)]为:C ≤0.06,Si ≤0.80,Mn ≤1.00,Cr 为 11.5~13.5,Ni 为 4.50~6.00,Mo 为 0.40~1.00,P≤0.035,S≤0.025,余量为 Fe。

2.2.2　涂层制备工艺

喷涂前采用酒精超声清洗基材,并用 20~30 目白刚玉喷砂处理,毛化后粗糙度为 Ra7~10 μm。采用 HMR-P2700 型氧-丙烷超音速火焰喷涂设备制备涂层,使用德国 KUKA 六轴机器人控制喷涂速度和均匀性,喷涂过程中用压缩气体冷却基体和涂层防止过热。分别采用 45°和 90°内孔喷枪在不同喷涂距离和喷涂角度下制备 WC-10Co4Cr 金属陶瓷。同时与轴向主喷枪在理想条件下制备的涂层进行对比。

涂层制备工艺参数如下:丙烷流量(F. M. R)为 68 L/min,氧气流量(F. M. R)为 240 L/min,送粉速率为 45 g/min,喷枪扫描速度为 500 mm/s,搭接率为 60%。试验中分别调控三种喷枪的喷涂距离和喷涂角度,参数见表 2-1。

表 2-1　氧-丙烷超音速火焰喷涂工艺参数

编号	喷涂距离(mm)	喷涂角度(°)	编号	喷涂距离(mm)	喷涂角度(°)	编号	喷涂距离(mm)	喷涂角度(°)
0-L-1#	150	90	45-L-1#	100	45	90-L-1#	100	90
0-L-2#	200	90	45-L-2#	150	45	90-L-2#	150	90
0-L-3#	250	90	45-L-3#	200	45	90-L-3#	200	90
0-L-4#	300	90	45-L-4#	250	45	90-L-4#	250	90
0-L-5#	350	90	45-L-5#	300	45	90-L-5#	300	90
0-α-1#	200	20	45-α-1#	200	20	90-α-1#	200	20
0-α-2#	200	40	45-α-2#	200	40	90-α-2#	200	40
0-α-3#	200	60	45-α-3#	200	60	90-α-3#	200	60
0-α-4#	200	90	45-α-4#	200	90	90-α-4#	200	90

2.2.3　测试方法

2.2.3.1　表面光洁度及形貌

采用日本三丰 Mitutoyo SJ-210 表面粗糙度仪测试试样涂层的表面粗糙度,获得涂层的表面光洁度;采用美国 RTEC 公司 UP-Dule 型共聚焦三维表面形貌仪表征涂层表面形貌结构,获得三维形貌图。

2.2.3.2　物相成分

涂层表面经磨抛后采用荷兰帕纳科公司 X'Pert Powder 型 X 射线粉末衍射仪测定熔覆层的物相结构。试样横截面抛光后用王水(体积比 $HCl:HNO_3=3:1$)腐蚀,采用德国 ZEISS 公司 SUPRA55 场发射扫描电子显微镜(SEM)观察横截面微观形貌,采用附带的能谱仪(EDS)对涂层沿厚度方向的元素分布及区域成分进行分析。

2.2.3.3　显微硬度与孔隙率

采用上海泰明公司 HXD-1000TMC 显微硬度计测试涂层硬度分布,峰值载荷为 200 g,加载时间 15 s,测试 6 个区域去掉极值后取平均值。采用 KMM-500 金相分析仪测试试样涂层的孔隙率,测试 5 个视觉取平均值。

2.2.3.4　料浆冲蚀磨损试验

采用 SQC-200 三相流冲蚀试验系统进行料浆冲蚀磨损试验,料浆中石英砂与水质量分数比为 2∶3。涂层试样尺寸为 20 mm×20 mm×5 mm,将涂层试样与基材试样一同固定于旋转叶片上,试样冲蚀面与旋转方向呈 90°,旋转线速度为 35 m/s。试验时间为 5 h,试验结束后取出试样,干燥后用精度为 0.1

mg 的德国 Sartorius 公司 LE225D 型电子分析天平称重,计算试样的质量损失。设不锈钢基材试样的质量损失量为 1,分别计算各涂层试样的相对质量损失比。试验结束后采用 SEM 观察涂层冲蚀磨损面的微观形貌。

2.3 研究结果与分析

2.3.1 物相成分

图 2-1 为三种氧-丙烷超音速火焰制备纳米 WC-10Co4Cr 涂层及原始粉末的 XRD 图谱。分析可知,原始粉末主要物相为 WC、Co 和 Co_4W_2C,其中 Co_4W_2C 相是由于粉末在烧结制备过程中 WC 溶解于 Co 所造成的。与粉末相比,三种喷枪在所制备涂层的物相均发生一定的变化,表现为 WC 特征峰强度降低,Co_4W_2C 和 Co 特征峰消失,产生了尖锐的 W_2C 峰。W_2C 相的产生是由于在喷涂过程中高温焰流导致 WC 与氧气发生脱碳反应,此外不稳定的 Co_4W_2C 相在高温下分解生成 W_2C。金属 Co 在高温下趋于形成非晶态 Co-Cr-W,因此在 XRD 图谱中没有形成特征峰。三种喷枪在不同喷涂距离、不同喷涂角度下涂层的物相基本一致,均为 WC 相和 W_2C 相,受工艺变化影响较小。

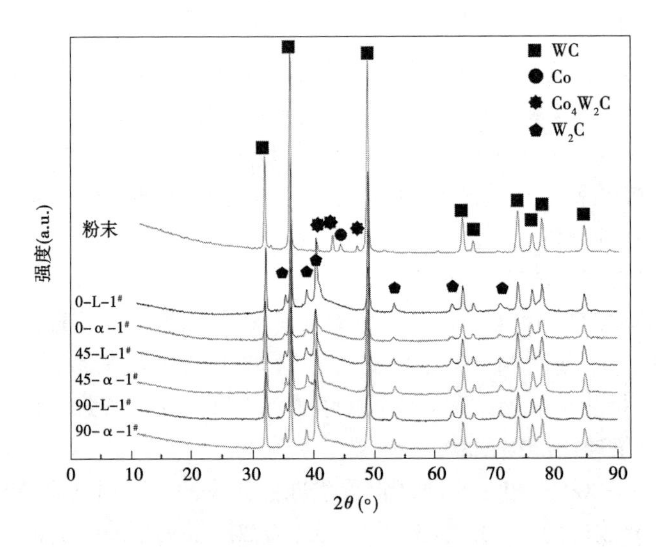

图 2-1 氧-丙烷 HVOF 制备纳米 WC-10Co4Cr 涂层及原始粉末的 XRD 图谱

2.3.2　微观组织

三种 HVOF 喷枪在不同喷涂角度或喷涂距离下制备的纳米 WC–10Co4Cr 涂层组织特征基本一致。下面以 90°喷枪为例,分析不同喷涂角度或喷涂距离下涂层截面 SEM 图,如图 2-2 所示。图 2-2(a)为 20°倾斜角度下喷涂涂层的微观组织及其内部缺陷,图 2-2(a1)可见涂层中的孔隙密集,且呈连贯条状、倾斜和平行分布。这与喷涂粒子流喷射的角度有关,由于倾斜角度下飞行粒子在撞击涂层表面时易发生反弹和飞散,难以有效咬合已沉积颗粒,由图 2-2(a2)可见每道间因难以有效搭接而产生较大的条状孔隙。同时可见,涂层表面分布凹凸不平的颗粒,表现出较高的粗糙度。随着喷涂角度的增加,平行条状孔隙趋于不规则状,涂层孔隙率及粗糙度逐渐降低。图 2-2(b)为 100 mm 喷距下涂层截面的微观组织。图 2-2(b1)可见极短喷距下涂层分布较多的孔隙,同时涂层表面呈现峰谷状,说明涂层表面存在凹凸不平的颗粒。图 2-2(b2)在放大后可见孔隙缺陷主要为圆状孔洞和扁平状缝隙,图 2-2(b3)在高倍下可见孔隙存在于沉积粒子间,这是由于在较短的喷涂距离下,从枪膛燃烧室喷射出的焰流对粒子加热和加速时间较短,所形成的未熔融或半熔融粒子在撞击工件表面后扁平化变形不充分,造成层片间不完全接触而留有孔隙。当喷涂距离提高后,涂层孔隙率和粗糙度降低。图 2-2(c)为在 90°和 250 mm 喷涂条件下制备的涂层截面形貌。从图 2-2(c1)可以看出,在合理的喷距和垂直喷涂下,涂层呈低孔隙率和高致密性的结构,无宏观裂纹或较大孔隙等缺陷。图 2-2(c2)为涂层中部组织结构,涂层未出现明显分层现象,局部可见微观孔洞和缝隙。图 2-2(c3)在高倍下可见涂层微观组织由灰色的黏结相和不同尺度的白色 WC 颗粒组成,其中纳米级 WC 颗粒呈圆球状,这是由于纳米结构具有大比表面积和高活性而在喷涂过程中发生部分溶解,而微米及亚微米级 WC 颗粒则多数保留了原来的尖角状外形。沉积凝固后多尺度的 WC 相均匀且密集镶嵌于 CoCr 合金相中形成微米–纳米结构。

2.3.3　表面粗糙度

图 2-3 为不同喷涂距离、喷涂角度对主喷枪及两种内孔喷枪所制备两组纳米 WC–10Co4Cr 涂层表面粗糙度的影响。由图 2-3(a)可知,两组涂层粗糙度随喷涂距离的变化趋势总体一致,即随着喷涂距离的增加逐渐降低,当喷距大于一定距离时粗糙度又有上升趋势。由图 2-3(b)可知,两组涂层试样的粗糙度都随喷涂角度增大而降低。

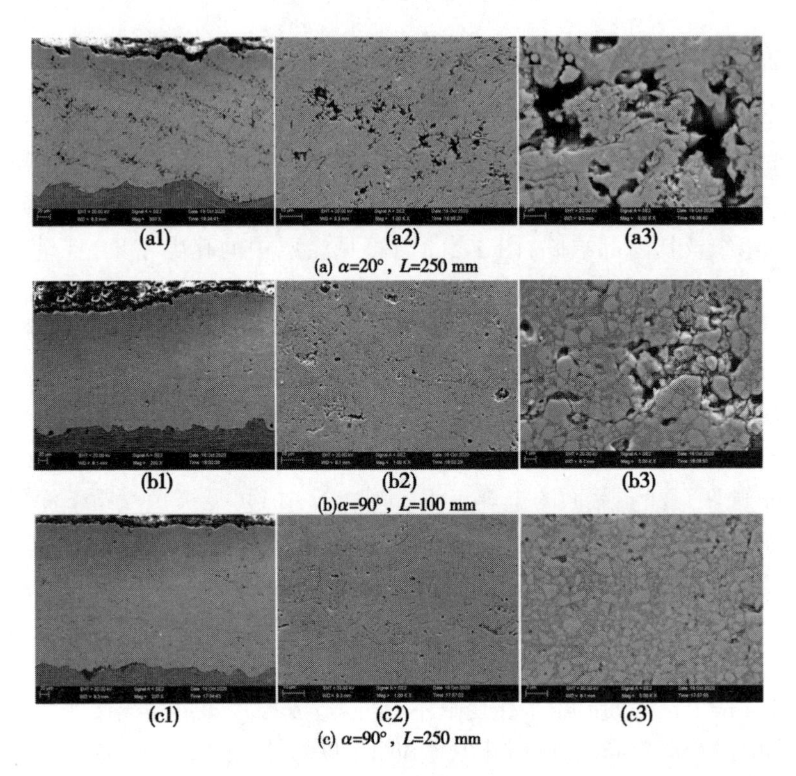

图 2-2　制备 WC-10Co4Cr 涂层截面微观形貌(90°内孔喷枪)

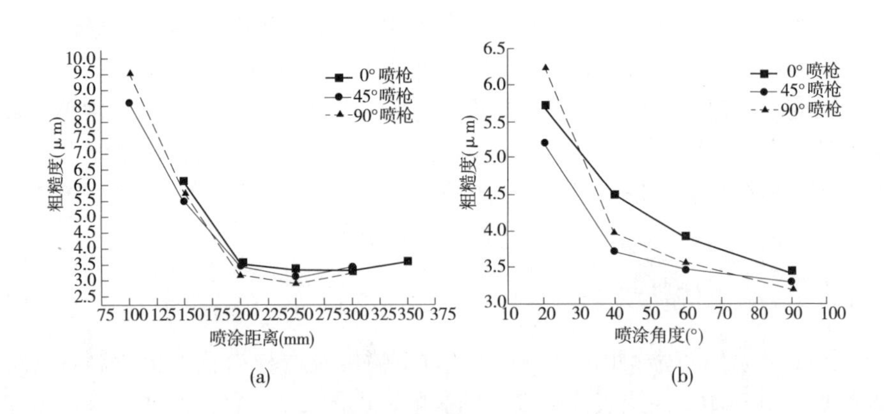

图 2-3　工艺参数对涂层表面粗糙度的影响

为探究上述影响规律,选取 90°内孔喷枪在不同喷涂距离与喷涂角度参数下所制备涂层的表面形貌进行表征分析,结果如图 2-4 所示。

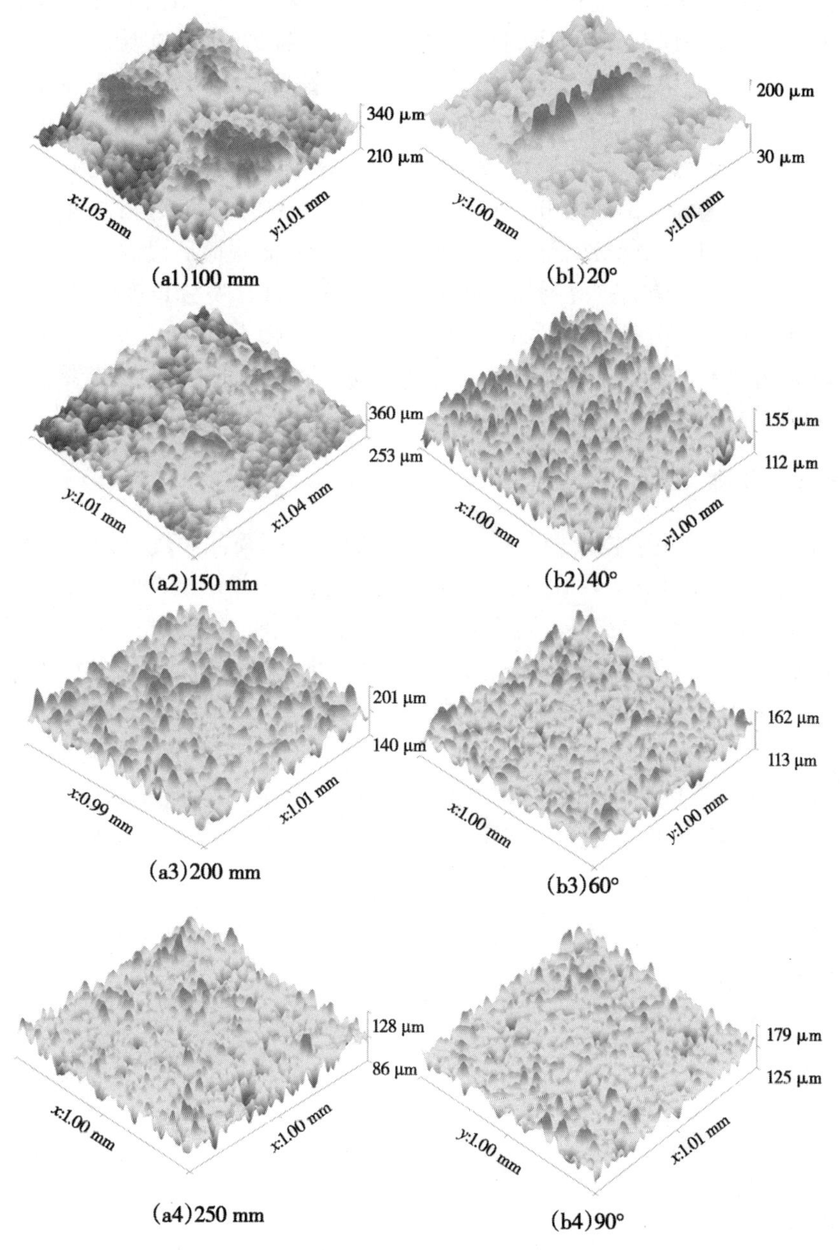

图 2-4　不同工艺参数下涂层表面形貌结构(90°内孔喷枪)

由图 2-4(a1)可见,喷距在 100 mm 时,涂层表面分布密集较大的凸起团聚颗粒,造成严重的表面粗糙现象。这是由于在极短的喷涂距离下,熔融程度较低的颗粒流动性较差而在撞击表面后难以充分铺展,因此在涂层表面保持较大的原始团聚状颗粒形态。由图 2-4(a2)~图 2-4(a4)可见,随着喷涂距离增大,粒子熔融程度和飞行速度逐渐提高,熔融粒子撞击涂层表面后的形态趋于扁平化,因此涂层表面粗糙度逐渐降低。由图 2-4(b1)可见,在 20°的喷涂角度下,涂层表面局部区域分布有椭圆形的狭长颗粒,这是由于在极小倾斜角度下,平面方向的动能分量导致熔融粒子与工件表面碰撞后沿着平面方向被拉长变形,呈现与常规“薄圆饼”不同的椭圆状。随着喷涂角度逐步趋于垂直,水平方向动能分量的降低减小了该方向上的拉长,同时垂直方向动量的增加使得熔融粒子更趋于扁平铺展,因此涂层表面形貌光洁度提高,如图 2-4(b2)~图 2-4(b4)所示。

2.3.4 孔隙率

图 2-5(a)为主喷枪及两种内孔喷枪分别在不同喷涂角度下所制备涂层的孔隙率。明显可见,当喷涂角度在 40°~90°时,两组涂层试样的孔隙率总体上随喷涂角度的减小变化不大,且均在 1%以下。然而当喷涂角度减小为 20°时,涂层的孔隙率急剧上升。这是由于在较低的喷涂角度下,斜射的粒子束在工件表面的擦滑和飞散而无法有效搭接和咬合,同时垂直涂层方向的动能不足以使熔融粒子与表面碰撞,发生充分流动变形以填满颗粒间的孔隙和凹陷,因此涂层中粒子间产生图 2-2(a)中的长条状平行孔隙。对比三种喷枪,不同喷涂角度下 45°内孔喷枪所制备涂层的孔隙率整体低于 90°内孔喷枪。

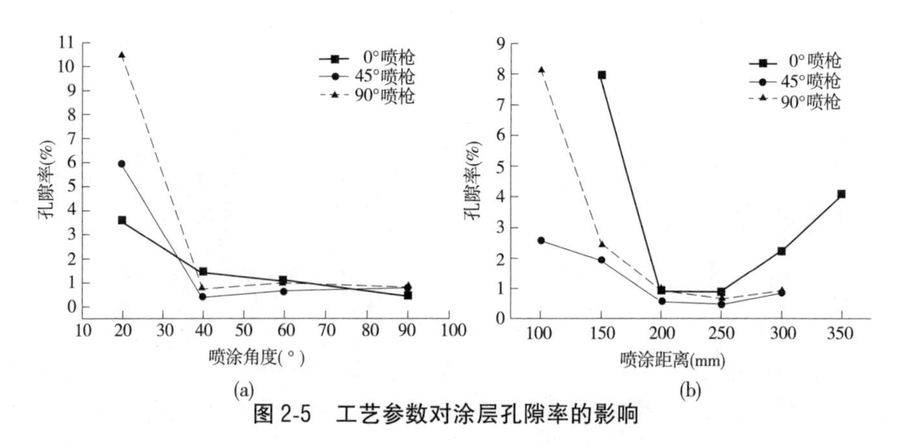

图 2-5 工艺参数对涂层孔隙率的影响

图 2-5(b)为主喷枪及两种内孔喷枪分别在不同喷涂距离下所制备涂层的孔隙率。由图 2-5(b)可知,两组试样的孔隙率随喷涂距离变化先逐渐减小,当喷涂距离为 250 mm 时,三种涂层的孔隙均最小,后呈现出增大的趋势。这是由于在较短的喷距下,从枪膛燃烧室喷射出的焰流对粒子加热和加速时间较短,导致熔融粒子熔化程度及粒子动能不够高,流动性较差的粒子与涂层表面碰撞时不能充分铺展和流淌,因此不能填满已沉积颗粒间的孔隙。同理,当喷涂距离过长时,由于粒子飞行速度减缓和热量散失引起的流动性降低,以及氧化作用在熔滴和已沉积颗粒表面形成氧化膜而导致润湿性下降,因此造成孔隙率升高。因此,在实际喷涂工艺中,喷涂距离应控制在 200~250 mm,对于狭窄空间为控制涂层孔隙率,喷涂距离不宜低于 200 mm。对比三种喷枪,不同喷涂距离下 0°主喷枪孔隙率最低,45°内孔喷枪涂层的孔隙率整体低于 90°内孔喷枪。

2.3.5　显微硬度

图 2-6 为主喷枪及两种内孔喷枪分别在不同喷涂角度和不同喷涂距离下所制备涂层的显微硬度。图 2-6(a)可见试样的显微硬度均随着喷涂角度的降低而逐渐下降,当喷涂角度为 20°时,显微硬度降低较为明显。这是由于斜向喷涂的粒子在垂直涂层方向的动能较低使得粒子间的压应力不足,造成高孔隙率和低结合性,在微观力学上表现为显微硬度的下降。这一趋势与图 2-5 所呈现的孔隙率变化规律较为一致。对比两种内孔喷枪,在不同喷涂角度下制备涂层的显微硬度差异不大,在 90°喷度下两者均表现出与主喷枪相当的显微硬度。

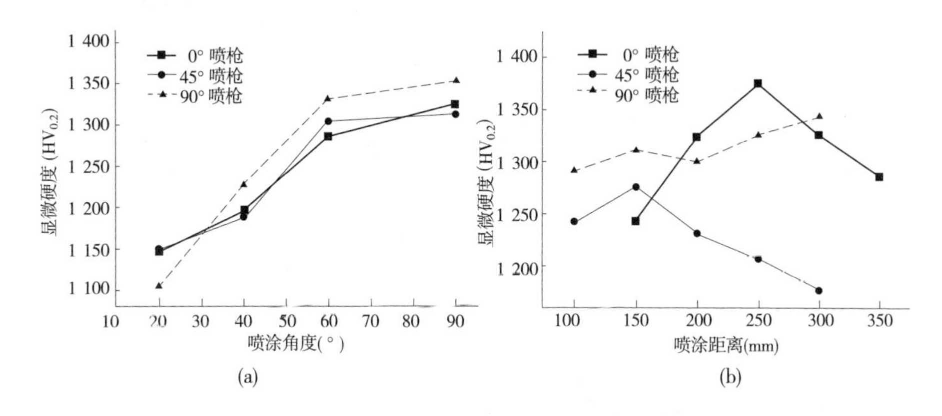

图 2-6　工艺参数对涂层显微硬度的影响

图 2-6(b)为主喷枪及两种内孔喷枪分别在不同喷涂距离下所制备涂层

的显微硬度。可见,90°内孔喷枪和主喷枪显微硬度在试验范围内变化不大,保持了一定的稳定性,而45°内孔喷枪在喷涂距离大于150 mm后出现降低趋势。对比三种喷枪,在200~250 mm喷距范围内,0°主喷枪涂层硬度最高,45°内孔喷枪所制备涂层硬度低于90°内孔喷枪,可能为该型喷枪的45°斜射喷涂角度所致。

2.3.6　抗泥沙磨蚀性能及失效机制分析

设不锈钢母材的质量损失量为1,分别计算主喷枪及两种内孔喷枪制备的纳米WC-10Co4Cr涂层的泥沙磨蚀后的相对质量损失,并与主喷枪制备的涂层进行对比,结果如图2-7所示。由图2-7(a)可知,两种内孔喷枪相应涂层的相对质量损失均先随喷涂距离的增大而降低,随后有升高趋势。当喷涂距离为250 mm时,两种内孔喷枪相应涂层的损失量达到最低,抗磨蚀性能达到最高,分别是基材的7.02倍和8.03倍,抗磨蚀性能略低于主喷枪(10.52倍)。由图2-7(b)可见,两种内孔喷枪制备涂层的相对质量损失均随喷涂角度的增大而显著降低,这是因为涂层内部粒子间结合性随喷涂角度增大而提高,同时粒子沉积率与涂层厚度随喷涂角度的增大而升高,也提高了涂层的整体抗磨蚀性能。

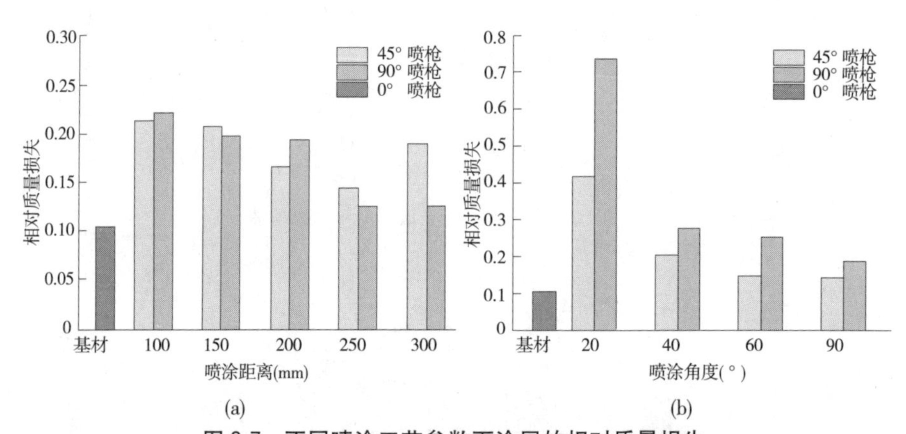

图2-7　不同喷涂工艺参数下涂层的相对质量损失

WC-CoCr涂层抗泥沙冲蚀性能是涂层孔隙率、结合性、硬度等力学性质的综合作用与外在表现。对比两种内孔喷枪,在不同喷涂距离下,90°内孔喷枪相应涂层抗泥沙冲蚀性能优于45°内孔喷枪,反映显微硬度在涂层抗泥沙磨蚀性能中起到主要作用;而在不同喷涂角度下,90°内孔喷枪相应涂层抗泥沙冲蚀性能低于 45°内孔喷枪,表明在显微硬度差异不大的情况下孔隙率在涂层抗磨蚀性能中起到更大作用。

为分析内孔喷枪制备纳米 WC-10Co4Cr 涂层失效机制,选取 ZG00Cr13Ni5Mo 基材和 90°喷枪所制备的涂层磨蚀表面形貌表征对比分析,结果如图 2-8 所示。图 2-8(a1)为基材磨蚀面较为平整,未见明显冲蚀坑。图 2-8(a2)为放大后表面形貌,可见表面在微观下呈凹凸不平的蜂窝状麻面,存在大量刮痕、擦伤小沟和皱褶,应为泥沙颗粒高速冲击后基材发生塑性变形所致。图 2-8(a3)在高倍下可见局部存在不规则犁沟,表明泥沙以一定的角度对基材表面发生“微切削”,基材收到犁削、脱落而逐渐失去本体。因此,不锈钢基材的磨蚀机制应为以切削为主的塑性变形。

图 2-8(b1)为纳米 WC-10Co4Cr 涂层磨蚀表面形貌,为可见冲蚀后的涂层表面存在大量凹凸不平的冲蚀坑。图 2-8(b2)放大下可见涂层表面分布密集裸露出的碳颗粒,镶嵌在金属基体中的硬质相硬质颗粒形成“微凸体”,起到抗磨骨架的作用,可有效提高金属基体抗冲蚀性能。图 2-8(b3)在高倍镜下可见明显的剥落后的残留凹坑,同时观察到碳化物颗粒表面存在疲劳裂纹,这是由于碳化物颗粒与金属黏结相结合性在长时间的冲蚀作用下产生疲劳应力,最终失去支撑作用而脱落,因而涂层在砂粒的冲击、料浆的强渗透和水压作用下发生了局部整片剥落,形成图 2-8(a3)所示的冲蚀坑。因此,涂层的冲蚀磨损机制主要是交变应力下的疲劳剥落。

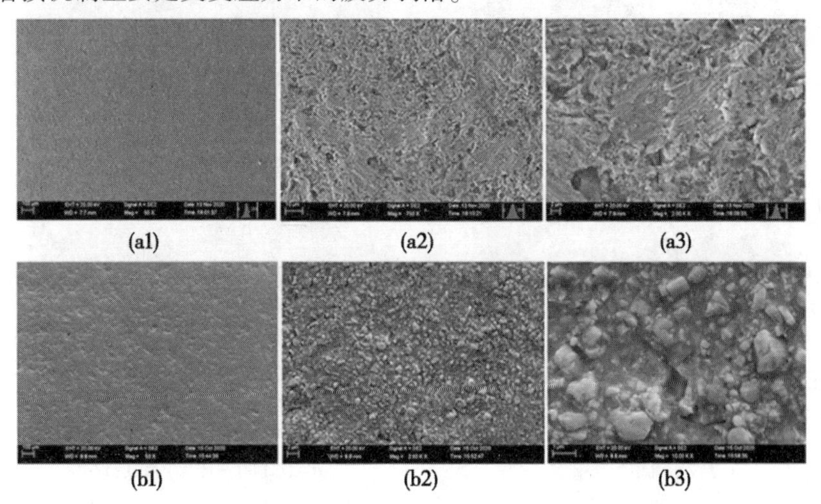

图 2-8 纳米 WC-10Co4Cr 涂层及不锈钢基材泥沙磨蚀后表面 SEM 图

2.4　氧-丙烷超音速火焰喷涂技术在水力装备上的应用

2.4.1　混流式水轮机

2.4.1.1　狭窄内部空间-转轮叶片

混流式水轮机转轮主要由上冠、下环和叶片组成,叶片与下环是磨蚀较为严重的区域。对于转轮内部深处的流道、叶片等部位,采用45°延长内孔喷枪深入流道喷涂,工艺过程见图2-9。在KUKA机器人的控制下,实现精准、匀速喷涂,避免了传统手持式喷涂因控制而造成的涂层厚度不均、局部堆积、过热开裂等问题。

(a)机器人内部喷涂轨迹编程

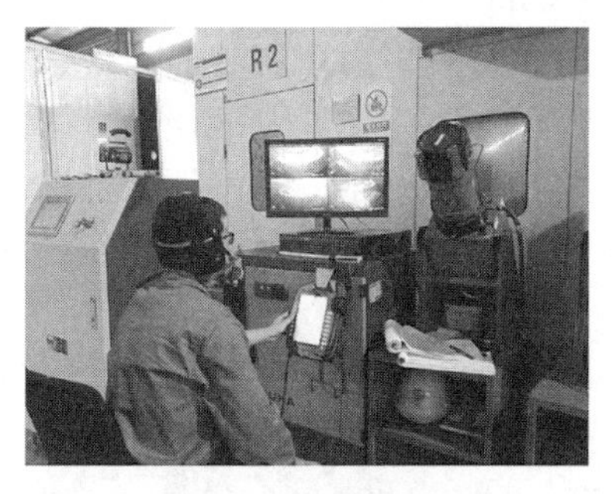

(b)机器人实时控制喷涂

(c)转轮流道内孔喷涂

(d)出水口叶片喷涂后涂层封孔

图2-9　混流式水轮机转轮内孔喷涂

2.4.1.2　规则外表面-密封环

对于规则外表面和活动空间充裕的部位,如转轮上冠、下环、出水口叶片、密封环表面等,采用主喷枪进行喷涂,其工艺环节见图 2-10。

(a)密封环侧面喷涂

(b)密封环端面喷涂

图 2-10　混流式水轮机转轮密封环表面喷涂

2.4.2　轴流式水轮机

轴流式水轮机叶片背面、边缘是气蚀高发区,严重的气蚀在表面产生鱼鳞坑、孔洞、沟槽等破坏,叶片边缘严重处出现穿孔、破裂等破坏。

对于叶片大面积表面、外边缘等部位,采用主喷枪进行喷涂强化。喷涂强化须对破坏严重部位进行焊补、磨抛和喷砂毛化等预处理,其重要工艺环节见图 2-11。

2.4.3　混流泵

混流泵是叶轮中的液体沿着与主轴同心的锥面排出的泵,泵内的液体在离心力和轴向推力作用下,斜向流出叶轮的叶片泵,属于离心泵和轴流泵之间的一种泵。混流泵是一种比转速较高的泵型,具有扬程高、流量变化范围大等特点,广泛应用于西北黄河流域扬黄工程、农田灌溉、防涝排洪等领域。在含沙河流中,混流泵叶轮室易受到泥沙的磨蚀,因此需进行表面抗磨蚀强化。由于叶轮式具有规则的表面和较大的活动空间,因此适合采用主喷枪进行喷涂。混流泵叶轮室喷涂工艺环节见图 2-12。

(a)磨蚀严重破坏部位焊补与磨抛

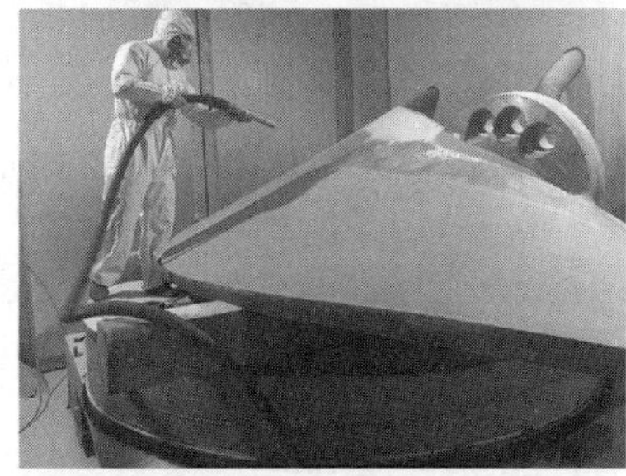

(b)桨叶表面喷砂毛化

(c)桨叶表面喷涂

图 2-11　轴流式水轮机桨叶表面喷涂

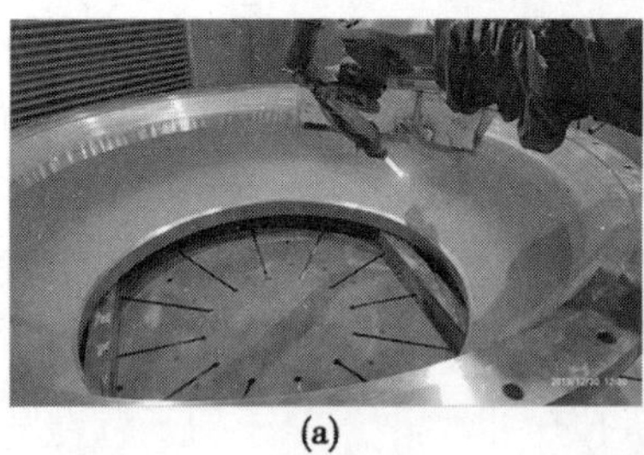

(a)

(b)

图 2-12　混流泵叶轮室纳米热喷涂

2.5 小　结

(1)主喷枪及45°和90°两种内孔喷枪所制备三组纳米WC-10Co4Cr涂层主要物相成分为WC相和W_2C相,小角度喷涂和短距离喷涂条件下易导致孔隙缺陷的产生。

(2)主喷枪及内孔喷枪所制备涂层的孔隙率随喷涂角度的减小而增大,随喷涂距离的减小而升高;涂层的粗糙度均随着喷涂距离的增加逐渐降低,随喷涂角度降低而升高;涂层的显微硬度随着喷涂角度的降低而下降,随喷涂距离变化不大。

(3)三组涂层试样的抗泥沙冲蚀性能随喷涂距离的增大逐渐升高随后有下降趋势,随喷涂角度的增大而显著降低。纳米WC-10Co4Cr涂层的冲蚀磨损机制主要是交变应力下的疲劳剥落,不锈钢基材的磨蚀机制应为以切削为主的塑性变形。

(4)对比两种内孔喷枪,45°内孔喷枪整体上孔隙率与显微硬度低于90°内孔喷枪,在同等喷涂距离工艺条件下,90°内孔喷枪相应涂层的抗泥沙冲蚀性能高于45°内孔喷枪。

第 3 章　氧-煤油超音速火焰喷涂技术及应用

氧-煤油超音速火焰喷涂技术是一种以煤油作为燃料、氧气为助燃剂的超音速火焰喷涂技术。基于氧-煤油超音速热喷涂技术制备的表面金属陶瓷材料由于具有高结合强度、高硬度等而具有优异抗磨损性能。另外,纳米材料因具有小尺寸效应、表面效应及量子效应,而能够显著提高金属陶瓷材料的结合强度和硬度,同时也降低了表面材料的孔隙率,从而赋予了表面材料独特的性能。稀土能明显改善涂层性能的均匀性和稳定性。因此,基于超音速热喷涂及材料微结构设计技术制备稀土改性纳米复合抗磨蚀涂层是解决这一关键技术问题的新思路,即水轮机表面抗磨蚀纳米金属陶瓷复合涂层。这种表面材料技术综合运用了超音速技术、纳米技术、复合涂层技术等的优越性,使表面材料具有了高硬度、高致密性、高韧性、高结合强度等性能优势,实现了表面材料高抗磨蚀功能。其配方及制备工艺的研制将从根本上解决水轮机的磨蚀问题,减少环境污染,并大量减少制备新品的能源及资源,实现节能减排。同时,相关技术可以广泛地应用于兵器、航空、港口码头、船舶等钢结构的保护。因此,这项技术的研发有着重大的经济效益、社会效益及生态效益。

3.1　技术难点

(1)普通超音速火焰热喷涂涂层与基体的结合力(60~70 MPa)还不能完全满足工程实践所需,易导致局部涂层剥落,亟须研发提高。

(2)涂层存在一定孔隙率,这些孔隙在水流作用下易形成气蚀源,严重导致涂层气蚀破坏。

(3)现有超音速火焰喷涂温度较高,易导致碳化物氧化脱碳,如何降低氧化脱碳率,保障涂层性能。

(4)纳米材料活性非常高,容易团聚而失去纳米增强增韧效果,尤其在高温条件下,纳米材料更容易团聚而失去纳米特性。

(5)工程实际应用中的一系列技术难题,如基体高温受热变形如何控制或恢复;高温导致的涂层内应力如何消除以防止涂层在使用过程中局部剥落等。

以上问题需要通过技术攻关,研发出新型涂层配方和工艺,开发喷枪技术,解决水力机械的磨蚀、腐蚀问题,提高其技术水平,延长其使用寿命,保障设备、工程运行安全和人身安全。

3.2　试验方案

(1)通过系统的水轮机、水泵过流部件磨蚀、冲蚀、磨损、盐雾腐蚀试验,并通过SEM、EDS、XRD等现代材料分析手段,揭示高含沙水流中水轮机表面磨蚀的问题本质。

(2)对超音速火焰喷枪的创新性设计,开发出新型具有11 mach的超高音速火焰喷枪技术,以提高涂层的致密性、结合强度等关键性能指标。

(3)深入研究稀土改性技术、纳米材料技术、复合材料技术及超高音速火焰热喷涂技术,将四者有机结合在一起,形成一项新技术:水轮机稀土改性纳米抗磨蚀功能涂层技术。

①稀土改性技术:稀土在涂层凝固过程中可以作为结晶核,增加形核率,并吸附于晶界阻止晶粒长大,显著细化枝晶组织,使硬质相颗粒形状得到改善并在熔覆层中均匀分布,提高涂层性能的均匀性和稳定性。

②纳米材料技术:纳米材料在纳米尺度(1~100 nm)上时具有小尺寸效应、表面效应及量子效应,能够显著提高金属陶瓷材料的结合强度、硬度及韧性,从而使材料表面得以强化、改性或赋予表面新功能等。

③复合材料技术:复合材料不同于传统的无机相/无机相、无机相/有机相等填料体系,并非两物质相的简单加合,而是由两物质相在纳米至亚微米范围内结合形成的,两相界面间存在强相互作用,可使复合材料具有优良的复合性能。

④超高音速火焰热喷涂技术:以航空煤油为燃料、氧气为助燃气体的超音速热喷涂技术,由于航空煤油等液体燃料的燃烧热喷涂远高于其他气体燃料(如丙烷、压缩空气、丙烯)等,因此这种技术可以实现更高的射流速度,同时将粉末送进火焰中,产生熔化或半熔化的粒子,高速撞击在基体表面上沉积形成涂层,其涂层比普通火焰喷涂或等离子喷涂结合强度更高、更致密。

(4)进行制备工艺及方法的改进,利用正交试验方法设计工艺参数,通过超音速火焰喷涂技术制备对解决水轮机表面磨蚀问题有一定价值的功能材料,并进行表面材料的力学性能及微观组织分析。以探索出喷涂制备工艺对表面纳米功能材料的组织及性能的影响规律。

(5)采用金相显微镜、显微硬度计、拉伸试验机、摩擦磨损试验机、SQC-200 三相流冲蚀试验系统、电化学工作站等测试分析涂层的孔隙率、显微硬度、结合强度、抗磨损性能、抗磨蚀性能、耐腐蚀性能等,并通过 SEM、EDS、XRD 等现代材料分析手段揭示功能材料的抗磨损、抗磨蚀等作用机制。

(6)在上述试验的基础上,进一步优化工艺,制备出较理想的表面抗蚀功能材料并在水轮机叶轮等过流部件上初步试用,同时对新材料的使用情况进行跟踪、分析,并进一步优化新材料的抗磨蚀效果。

3.3　喷枪、材料及工艺

3.3.1　喷枪

对于常用的超音速火焰喷涂其焰流速度一般在 6~7 mach,我们通过结构创新设计,首次实现了超高音速火焰喷涂,焰流达到 11 mach,已获得国家专利。图 3-1 为超高音速火焰 11 mach 焰流。

图 3-1　超高音速火焰 11 mach 焰流

技术难点:超音速火焰热喷涂技术的分类主要取决于喷枪的设计与结构,由此可见喷枪是超高音速火焰热喷涂系统中最关键的部分,喷枪的设计水平及结构形式等决定了整个系统的性能,进而决定了涂层的性能。找出可能的缺点或可挖掘的性能或功能,进行创新设计,提升焰流速度。传统超音速火焰喷枪中燃烧室与枪管为分体结构,结构复杂、稳定性差。本设计超高音速火焰喷枪中燃烧室与枪管为一体式设计,采用带拉瓦尔管的燃烧室直接与枪管相连,使得喷枪的结构更加简单,稳定性更好,并且能够获得更高的枪膛压力,可以促进射流速度的提高。

通过对超音速火焰喷枪的创新性设计,可显著提升热喷涂过程中粒子速度、聚集度等,从而提高涂层与基体的结合力、降低涂层孔隙率。

3.3.2　喷涂材料

通过对水轮机磨蚀机制的研究和揭示,结合纳米技术、复合材料技术、超高音速火焰热喷涂技术,研究粉末配方成分、粉末制备工艺与涂层性能之间的关系。通过大量理论研究和反复试验,研究探索分析,找出有关规律,构建有关分析模型,在此基础之上,对粉末配方成分进行设计和强度韧性改性研究,开发纳米抗磨蚀功能粉末配方及超高音速火焰热喷涂喂料,具体叙述如下。

(1)纳米浆料的配置。

由于纳米级粉体(包括纳米稀土、纳米硬质相)不能直接用来喷涂,因此制备适合热喷涂的纳米结构金属陶瓷粉体是本试验关键的一步。

(2)纳米粉体团聚消除。

纳米颗粒粒径处于纳米级,其表面积大,表面活性也相当大,很容易团聚,而且纳米粉末在运送过程中受到一定的挤压,加剧了团聚的产生。团聚对浆料的配置以及后来的喷雾再造粒都有较大危害,甚至对涂层的组织和性能也会有一定的影响。因此,在配置浆料前,先将粉体进行预处理,目的是消除团聚。本书采用超声波振荡的方法,对粉体进行充分振荡。

(3)制备浆料。

本书先将一定量的有机黏结剂——聚乙烯醇加入定量的去离子水中。加热并不断搅拌,使聚乙烯醇充分溶解。然后将纳米稀土、纳米 WC 粉末和纳米 Co 与纳米 Cr 粉末按比例称量。先将称量好的纳米 WC 粉末分别放入烧杯中,加入定量配好的聚乙烯醇溶液,用搅拌机充分搅拌 24 h。再对应加入纳米稀土、纳米 Co 与纳米 Cr 粉末,再充分搅拌 24 h,经过大量、反复的试验,最终制得稀土改性纳米配方浆料。

(4)喷雾再造粒。

浆料在压力的作用下,通过雾化喷嘴进入高温(160 ℃)气氛下的干燥炉内。雾化的液滴在高温环境下迅速蒸发,使液滴中包含的纳米粒子团聚成为微米级的球。

喷雾再造粒后的粉末比较松散,微米球在喷涂过程中较容易被高速的火焰吹散，不能直接运用于热喷涂，必须再进行烧结，提高纳米粉末之间的结合力。

本书采用氢气保护钼丝炉进行烧结，由于采用的纳米粉末的尺寸比较细小，为了防止温度过高致使纳米粒子在烧结过程中长大，在正式烧结前，进行不同温度烧结、不同烧结时间的比较试验。经过 900 ℃、1 000 ℃、1 100 ℃、1 200 ℃、1 300 ℃等不同温度（烧结时间为 4 h）烧结试验比较，发现烧结温度较低时形成的粉末比较松散，经过大量试验比较发现，控制在 1 100 ℃（比微米粉末烧结温度约低 200 ℃）时烧结比较合适。最终选定 1 100 ℃为本书试验的烧结温度。

自制的纳米级喂料中有部分破碎的粉末，有少量纳米颗粒有长大的现象，有部分纳米颗粒轮廓有模糊的现象。为了增加喷涂的沉积效率，并且使涂层更加均匀，最后对自制纳米级喂料进行筛选。使用 270 目的筛子，将尺寸在 53 μm 以下的粉末筛除，得到最终的喷涂喂料，其尺寸为 15 ~53 μm。由纳米粉末形成的热喷涂喂料形貌如图 3-2 所示。

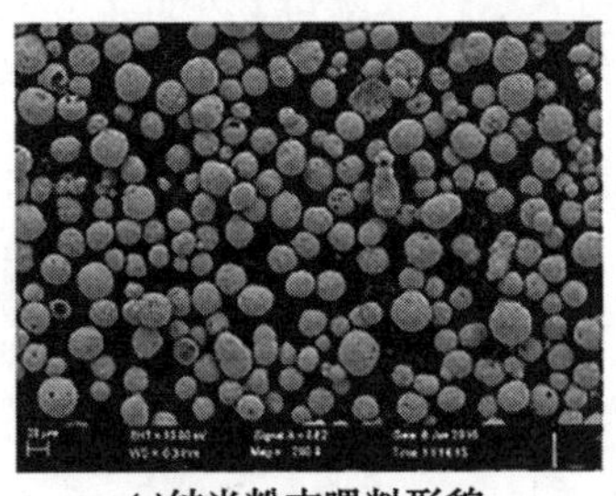

(a)纳米粉末喂料形貌

(b)纳米粉末喂料局部放大

图 3-2　粉体烧结后 SEM 形貌

3.3.3　喷涂工艺

本研究以超音速火焰喷涂技术为涂层制备工艺，以稀土掺杂量、煤油流量、氧气流量及送粉率为四因素建立两个正交试验（见表 3-1、表 3-2）。

（1）稀土氧化物含量：0.5%、1.0%、1.5%。

（2）煤油流量 a（L/h）：24、26、28。

（3）氧气流量 b（m^3/h）：50、52、54。

（4）送粉率 c（g/min）：65、75、85。

（5）喷涂距离 d（mm）：380。

（6）线速度 e（mm/s）：700。

表 3-1　CeO_2 掺杂纳米 WC-10Co4Cr 涂层超音速喷涂正交试验

序号	工艺参数			
	掺杂量(质量百分比)(%)	煤油流量(L/h)	氧气流量(m^3/h)	送粉率(g/min)
1#	0.5	24	50	65
2#	0.5	26	52	75
3#	0.5	28	54	85
4#	1.0	24	52	85
5#	1.0	26	54	65
6#	1.0	28	50	75
7#	1.5	24	54	75
8#	1.5	26	50	85
9#	1.5	28	52	65

表 3-2　La_2O_3 掺杂纳米 WC-10Co4Cr 涂层超音速喷涂正交试验

序号	工艺参数			
	掺杂量(质量百分比)(%)	煤油流量(L/h)	氧气流量(m^3/h)	送粉率(g/min)
1#	0.5	24	50	65
2#	0.5	26	52	75
3#	0.5	28	54	85
4#	1.0	24	52	85
5#	1.0	26	54	65
6#	1.0	28	50	75
7#	1.5	24	54	75
8#	1.5	26	50	85
9#	1.5	28	52	65

研究采用 ZG00Cr13Ni5Mo 高强不锈钢作为基体,在涂层制备前用乙醇对表面进行超声波清洗除去油污,再用 30 目的白刚玉对试样喷涂面进行喷砂粗

化处理达到 Sa2.5 级,提高样品表面涂层的黏附力。

3.4　性能分析测试方法及设备

3.4.1　微观形貌观察

采用卡尔蔡司的 SUPRA55 场发射扫描电子显微镜(FESEM)观察涂层的微观形貌,由于涂层不导电,需进行喷金(Pt)处理。

3.4.2　显微硬度测试

采用北 HXD-1000TMC/LCD 显微硬度测试仪测试涂层的显微硬度,测试条件如下:

(1)载荷:200 gf。

(2)加载时间:10 s。

(3)放大倍数:400 ×。

3.4.3　XRD 测试分析

(1)试验仪器:X′Pert PRO 型 X 射线衍射仪(XRD)。

(2)生产厂商:荷兰 Panalytical(帕纳科)。

(3)X 射线:Cu 靶 Kα 射线(λ=0.154 056 nm)。

(4)电压 40 kV。

(5)电流 30 mA。

切割试样保持表面原始状态,不用磨抛,用酒精进行超声波清洗 4~5 遍,再用吹风机吹干,保持表面干净无杂质。

3.4.4　抗拉结合强度测试

(1)试验仪器:Smart test 5T。

(2)拉伸速度:0.5 mm/min。

由于粘胶法测试涂层结合强度时受粘胶强度的限制(最高可测的结合强度约 70 MPa),本试验借鉴了《爆炸喷涂涂层结合强度试验方法》(HB 7751—2004)的标准。

试验模具及试样尺寸见图 3-3。

将制备好的涂层试样固定在拉伸试验机上,设定拉伸速度为

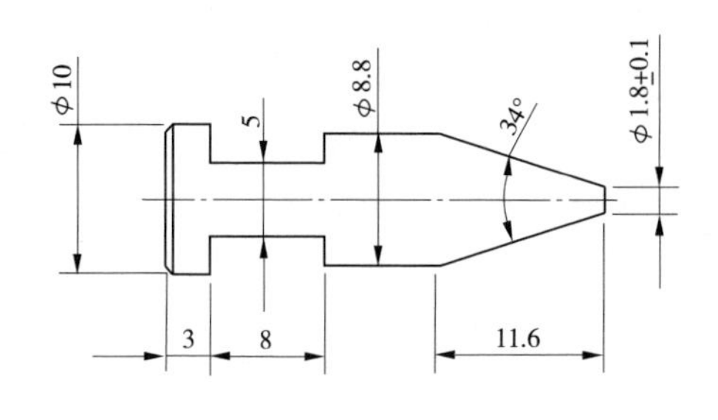

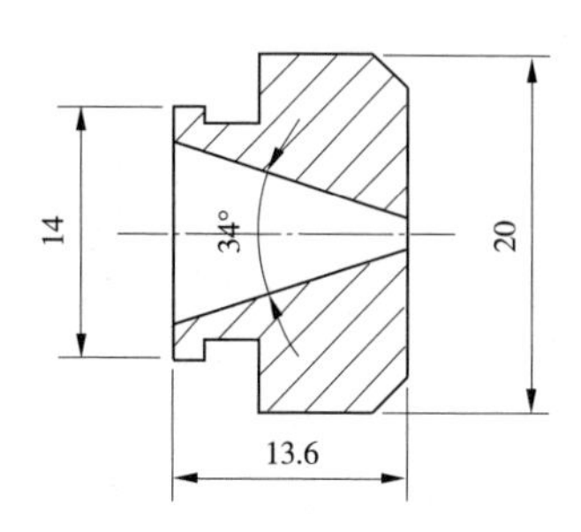

图 3-3　拉伸试样示意图　(单位:mm)

0. 5 mm/min,进行试验并保存数据。

3. 4. 5　耐磨损性测试

试验条件为:①载荷:500 g;②对磨材料:SiN;③电机频率:20 Hz;④转速:1 120 r/min;⑤摩擦半径:6 mm;⑥试验时间:180 min。

(1)将试样按照尺寸进行线切割后,用酒精在超声波里清洗 4~5 遍,吹风机吹干,用电子天平称重,记录试样质量。

(2)按要求设定摩擦磨损试验条件,进行试验。

(3)待试验结束后,取出样品,用酒精在超声波里清洗 2~3 遍,用电子天平称重,记录试样质量;计算前后试样质量差及失重率。

3. 4. 6　抗磨蚀性能测试

采用国产浆料磨损试验机研究涂层的抗冲蚀磨损性能。图 3-4 为浆料磨损试验机夹具示意图,夹具可绕主轴高速旋转,通过试样突出部分与砂浆的相互作用来模拟冲蚀磨损的真实环境,从而研究涂层冲蚀磨损机制,评价抗冲蚀磨损性能。

其中,试验机的浆料罐尺寸为 300 mm×400 mm(直径×高度)。试样的样品尺寸为 18. 7 mm×18. 7 mm×4 mm(长×宽×高)。浆料机主轴转速为 1 200 r/min。砂浆浓度 40%(砂 10 kg,水 15 kg)。冲蚀磨损量采用重量法,用 Sartorius LE225D 高精度电子天平称重,其精度为 0. 01 mg。

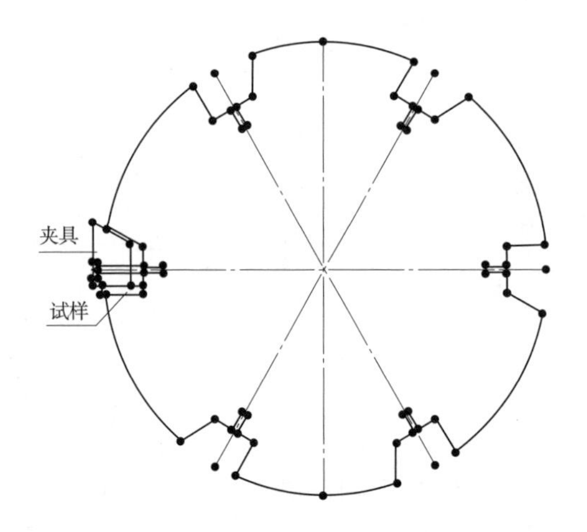

图 3-4 浆料磨损试验机夹具示意图

3.5 试验结果分析

3.5.1 显微硬度分析

3.5.1.1 CeO_2 掺杂纳米 WC-10Co4Cr 涂层

表 3-3 为 CeO_2 掺杂纳米 WC-10Co4Cr 涂层的显微硬度，0# 为未掺杂 CeO_2 的纳米 WC-10Co4Cr 涂层，其显微硬度平均值为 1 307 $HV_{0.2}$。由表 3-3 测试结果可知，CeO_2 掺杂改性纳米碳化钨涂层具有较高的显微硬度，在 5# 工艺条件下，涂层具有最高的显微硬度，达 1 439 $HV_{0.2}$，大部分涂层的显微硬度在 1 300 $HV_{0.2}$ 以上，涂层硬度最低仍达到 1 244 $HV_{0.2}$。

表 3-3 CeO_2 掺杂纳米 WC-10Co4Cr 涂层的显微硬度 （单位：$HV_{0.2}$）

工艺号	测量值										平均值
	1	2	3	4	5	6	7	8	9	10	
0#	1 301	1 330	1 309	1 298	1 311	1 300	1 289	1 321	1 299	1 315	1 307
1#	1 327	1 281	1 325	1 345	1 306	1 205	1 326	1 314	1 268	1 483	1 318
2#	1 334	1 392	1 362	1 226	1 336	1 433	1 332	1 356	1 352	1 397	1 352
3#	1 407	1 273	1 373	1 360	1 354	1 454	1 385	1 397	1 315	1 352	1 367
4#	1 388	1 301	1 200	1 287	1 304	1 287	1 305	1 309	1 271	1 315	1 297

续表 3-3

工艺号	测量值										平均值
	1	2	3	4	5	6	7	8	9	10	
5#	1 395	1 425	1 443	1 398	1 519	1 441	1 417	1 397	1 481	1 454	1 439
6#	1 451	1 415	1 393	1 422	1 443	1 379	1 429	1 460	1 457	1 391	1 424
7#	1 214	1 210	1 226	1 233	1 301	1 208	1 305	1 300	1 264	1 176	1 244
8#	1 363	1 320	1 389	1 401	1 317	1 387	1 316	1 310	1 320	1 330	1 345
9#	1 380	1 368	1 389	1 420	1 406	1 389	1 431	1 334	1 379	1 456	1 395

根据表 3-4 中极差的大小可知:工艺参数对超音速喷涂涂层显微硬度性能影响的主次顺序依次为:煤油流量→掺杂量→送粉率→氧气流量,煤油流量的大小对涂层显微硬度产生的影响最大。根据图 3-5 中 CeO_2 掺杂纳米 WC-10Co4Cr 涂层显微硬度因素水平均值并结合表 3-4,获得最佳显微硬度的工艺参数组合为 a2+b3+c1+d1,即掺杂量为 1.0%,煤油流量为 28 L/h,氧气流量为 50 m^3/h,送粉率为 65 g/min。

表 3-4　CeO_2 掺杂纳米 WC-10Co4Cr 涂层显微硬度正交试验直观分析表

因素	掺杂量(质量百分比)(%)	煤油流量(L/h)	氧气流量(m^3/h)	送粉率(g/min)	显微硬度试验结果($HV_{0.2}$)
试验 1	0.5	24	50	65	1 318
试验 2	0.5	26	52	75	1 352
试验 3	0.5	28	54	85	1 367
试验 4	1.0	24	52	85	1 297
试验 5	1.0	26	54	65	1 439
试验 6	1.0	28	50	75	1 424
试验 7	1.5	24	54	75	1 244
试验 8	1.5	26	50	85	1 345
试验 9	1.5	28	52	65	1 395
均值 1	1 345.667	1 286.333	1 362.333	1 384.000	—
均值 2	1 396.667	1 378.667	1 348.000	1 340.000	—
均值 3	1 328.000	1 395.333	1 350.000	1 336.000	—
极差	58.667	109.000	14.333	48.000	—

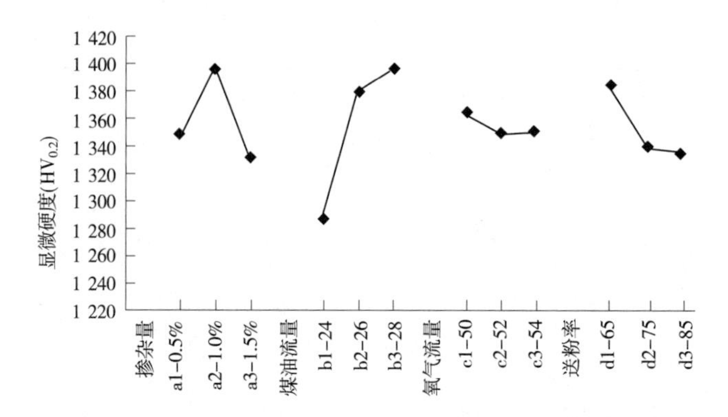

图 3-5　CeO_2 掺杂纳米 WC-10Co4Cr 涂层显微硬度因素水平均值

图 3-6 为不同 CeO_2 含量的涂层的平均显微硬度值,未添加 CeO_2 涂层的平均显微硬度值为 1 307 $HV_{0.2}$,添加 0.5%、1.0%、1.5%的 CeO_2 涂层的平均显微硬度值分别为 1 345.667 $HV_{0.2}$、1 396.667 $HV_{0.2}$、1 328.000 $HV_{0.2}$。通过对比可以看出,CeO_2 的添加提高了涂层的显微硬度。在 CeO_2 含量为 1.0%时,涂层的平均显微硬度最高。

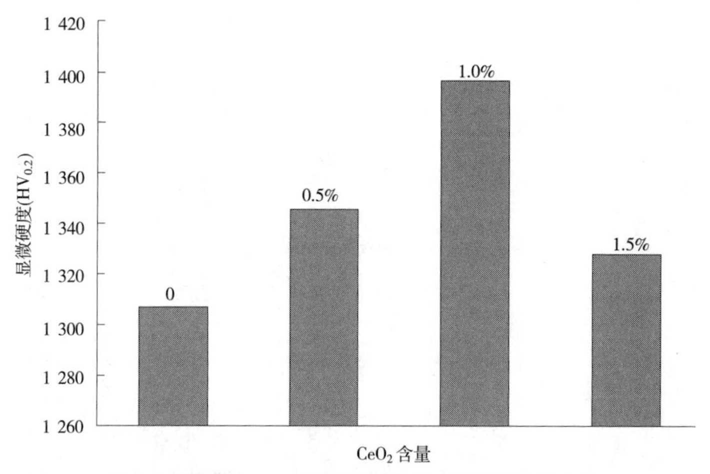

图 3-6　不同 CeO_2 含量的涂层的平均显微硬度值

3.5.1.2　La_2O_3 掺杂纳米 WC-10Co4Cr 涂层

表 3-5 为 La_2O_3 掺杂纳米 WC-10Co4Cr 涂层的显微硬度,0# 为未掺杂 La_2O_3 的纳米 WC-10Co4Cr 涂层,其显微硬度为 1 307 $HV_{0.2}$。由表 3-5 测试结果可知,La_2O_3 掺杂改性纳米碳化钨涂层具有较高的显微硬度,在 5# 工艺条件下,涂层具有最高的显微硬度,达 1 417 $HV_{0.2}$,大部分涂层的显微硬度在

1 300 $HV_{0.2}$ 以上,涂层最低硬度仍达到 1 240 $HV_{0.2}$。

表 3-5　La_2O_3 掺杂纳米 WC-10Co4Cr 涂层的显微硬度（单位:$HV_{0.2}$）

工艺号	测量值										平均值
	1	2	3	4	5	6	7	8	9	10	
0#	1 301	1 330	1 309	1 298	1 311	1 300	1 289	1 321	1 299	1 315	1 307
1#	1 351	1 302	1 218	1 330	1 324	1 221	1 304	1 232	1 210	1 299	1 279
2#	1 369	1 381	1 337	1 346	1 394	1 371	1 392	1 365	1 401	1 321	1 368
3#	1 266	1 395	1 279	1 382	1 310	1 301	1 319	1 317	1 318	1 271	1 316
4#	1 326	1 379	1 401	1 311	1 329	1 367	1 382	1 345	1 366	1 336	1 354
5#	1 429	1 451	1 396	1 389	1 391	1 439	1 429	1 399	1 432	1 416	1 417
6#	1 396	1 421	1 411	1 396	1 387	1 426	1 431	1 402	1 406	1 409	1 408
7#	1 243	1 223	1 301	1 224	1 237	1 253	1 210	1 232	1 236	1 242	1 240
8#	1 226	1 269	1 310	1 331	1 252	1 285	1 315	1 231	1 297	1 238	1 275
9#	1 423	1 462	1 360	1 364	1 409	1 463	1 329	1 326	1 388	1 326	1 385

根据表 3-6 中极差的大小可知:工艺参数对超音速喷涂涂层显微硬度性能影响的主次顺序依次为:掺杂量→煤油流量→氧气流量→送粉率,掺杂量对涂层显微硬度产生的影响最大。根据图 3-7 中 La_2O_3 掺杂纳米 WC-10Co4Cr 涂层显微硬度因素水平均值并结合表 3-6 获得最佳显微硬度的工艺参数组合为 a2+b3+c2+d1,即 La_2O_3 含量为 1.0%,煤油流量为 28 L/h,氧气流量为 52 m^3/h,送粉率为 65 g/min。

表 3-6　La_2O_3 掺杂纳米 WC-10Co4Cr 涂层显微硬度正交试验直观分析表

因素	掺杂量(质量百分比)(%)	煤油流量(L/h)	氧气流量(m^3/h)	送粉率(g/min)	显微硬度试验结果($HV_{0.2}$)
试验 1	0.5	24	50	65	1 279
试验 2	0.5	26	52	75	1 368
试验 3	0.5	28	54	85	1 316
试验 4	1.0	24	52	85	1 354
试验 5	1.0	26	54	65	1 417

续表 3-6

因素	掺杂量(质量百分比)(%)	煤油流量(L/h)	氧气流量(m^3/h)	送粉率(g/min)	显微硬度试验结果($HV_{0.2}$)
试验 6	1.0	28	50	75	1 408
试验 7	1.5	24	54	75	1 240
试验 8	1.5	26	50	85	1 275
试验 9	1.5	28	52	65	1 385
均值 1	1 321.000	1 291.000	1 320.667	1 360.333	—
均值 2	1 393.000	1 353.333	1 369.000	1 338.667	—
均值 3	1 300.000	1 369.667	1 324.333	1 315.000	—
极差	93.000	78.667	48.333	45.333	—

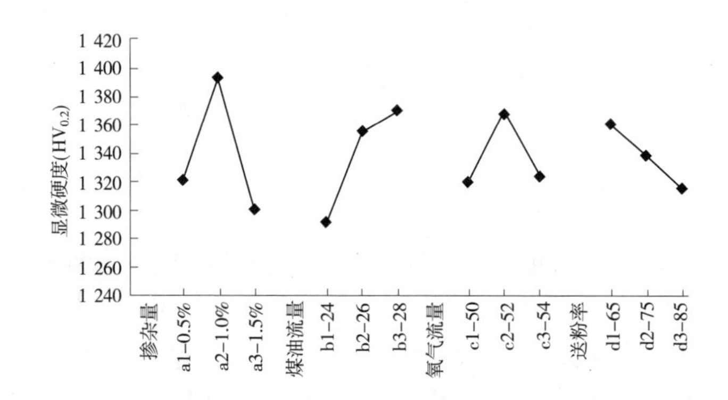

图 3-7　La_2O_3 掺杂纳米 WC-10Co4Cr 涂层显微硬度因素水平均值

图 3-8 为不同添加 La_2O_3 含量的涂层的平均显微硬度值,未添加 La_2O_3 涂层的平均显微硬度值为 1 307 $HV_{0.2}$,添加 0.5%、1.0%、1.5%的 La_2O_3 涂层的平均显微硬度值分别为 1 321.000 $HV_{0.2}$、1 393.000 $HV_{0.2}$、1 300.000 $HV_{0.2}$。通过对比可以看出,La_2O_3 的添加提高了涂层的显微硬度。在 La_2O_3 含量为 1.0%时,涂层的平均显微硬度最高。

3.5.2　金相及孔隙率分析

3.5.2.1　CeO_2 掺杂纳米 WC-10Co4Cr 涂层

孔隙率测试采用金相显微镜,200 倍下,在专业孔隙率分析软件下测试孔隙率大小,测试 5 个区域的孔隙大小并求平均值,作为涂层的孔隙率大小。

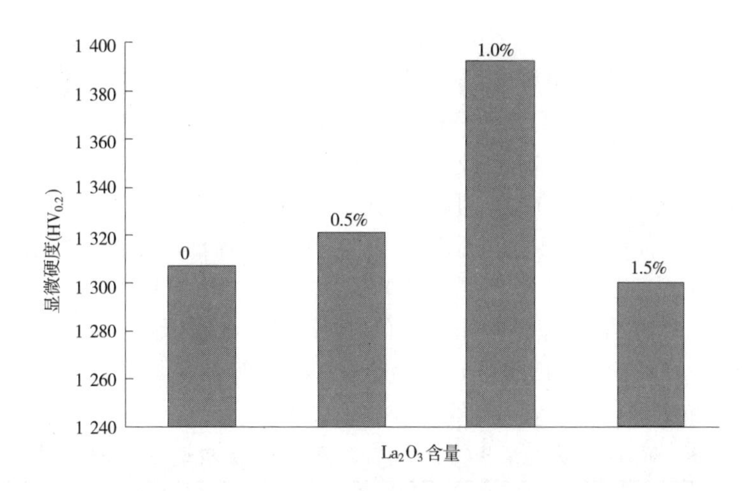

图 3-8　不同 La_2O_3 含量的涂层的平均显微硬度值

表 3-7 为 CeO_2 掺杂纳米 WC-10Co4Cr 涂层的孔隙率，从结果来看，CeO_2 改性纳米 WC-10Co4Cr 涂层的孔隙较少，具有致密的金相组织。

表 3-7　CeO_2 掺杂纳米 WC-10Co4Cr 涂层孔隙率　(%)

工艺号	测量值					平均值
	1	2	3	4	5	
0#	0.60	0.51	0.65	0.53	0.48	0.55
1#	0.41	0.43	0.24	0.27	0.24	0.32
2#	0.46	0.48	0.47	0.37	0.47	0.42
3#	0.27	0.29	0.31	0.36	0.32	0.31
4#	0.44	0.46	0.39	0.45	0.41	0.43
5#	0.47	0.46	0.39	0.49	0.44	0.45
6#	0.40	0.39	0.31	0.49	0.41	0.40
7#	0.44	0.48	0.52	0.50	0.46	0.48
8#	0.49	0.49	0.44	0.52	0.50	0.49
9#	0.47	0.47	0.45	0.48	0.46	0.47

根据表 3-7 测试结果，0#为未掺杂 CeO_2 的纳米 WC-10Co4Cr 涂层，其孔隙率为 0.55%，CeO_2 掺杂纳米 WC-10Co4Cr 涂层具有很低的孔隙率，孔隙率

均小于 0.5%。涂层的孔隙率大小和粉末颗粒的熔化程度及喷涂速度有很大的关系,颗粒的熔化效果好,与基体发生碰撞时,易发生变形和扁平化,有利于颗粒间的致密结合。低的孔隙率说明超音速火焰喷涂过程中粉末颗粒的扁平化程度高,制备的 CeO_2 改性纳米 WC-10Co4Cr 涂层致密度高。

根据表 3-8 中极差的大小可知:工艺参数对超音速喷涂 CeO_2 改性纳米碳化钨涂层孔隙率影响的主次顺序依次为:掺杂量→煤油流量→氧气流量→送粉率,掺杂量对涂层孔隙率产生的影响最大。根据图 3-9 中 CeO_2 掺杂纳米 WC-10Co4Cr 涂层孔隙率因素水平均值并结合表 3-8,获得最小孔隙率的工艺参数组合为 a1+b3+c1+d3,即 CeO_2 含量为 0.5%,煤油流量为 28 L/h,氧气流量为 50 m^3/h,送粉率为 85 g/min。

表 3-8　CeO_2 掺杂纳米 WC-10Co4Cr 涂层孔隙率正交试验直观分析表

因素	掺杂量(质量百分比)(%)	煤油流量(L/h)	氧气流量(m^3/h)	送粉率(g/min)	孔隙率试验结果(%)
试验 1	0.5	24	50	65	0.32
试验 2	0.5	26	52	75	0.42
试验 3	0.5	28	54	85	0.31
试验 4	1.0	24	52	85	0.43
试验 5	1.0	26	54	65	0.45
试验 6	1.0	28	50	75	0.40
试验 7	1.5	24	54	75	0.48
试验 8	1.5	26	50	85	0.49
试验 9	1.5	28	52	65	0.47
均值 1	0.350%	0.410%	0.403%	0.413%	—
均值 2	0.427%	0.453%	0.440%	0.433%	—
均值 3	0.480%	0.393%	0.413%	0.410%	—
极差	0.127%	0.063%	0.034%	0.023%	—

图 3-10 为不同 CeO_2 含量的涂层的平均孔隙率,未添加 CeO_2 涂层的平均孔隙率为 0.55%,添加 0.5%、1.0%、1.5%的 CeO_2 涂层的平均孔隙率分别为 0.350%、0.427%、0.480%。通过对比可以看出,CeO_2 的添加降低了涂层孔隙率,随着 CeO_2 含量的提高,涂层的平均孔隙率逐渐增大,但变化幅度较低。该趋势也说明了 CeO_2 含量增大不利于涂层的致密性。其中,在 CeO_2 含量为

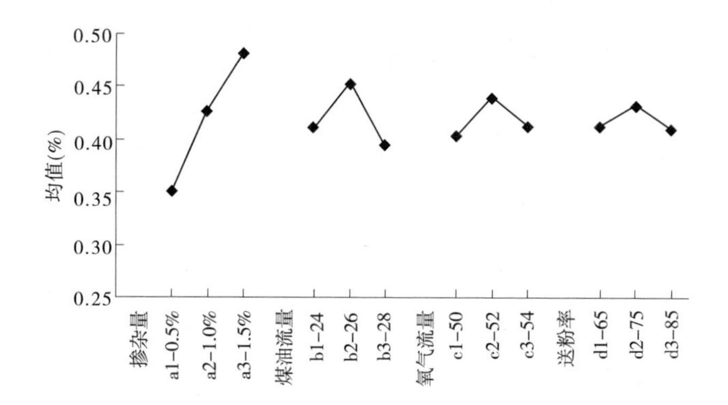

图 3-9　CeO_2 掺杂纳米 WC-10Co4Cr 涂层孔隙率因素水平均值

0.5%时,涂层的平均孔隙率最低。

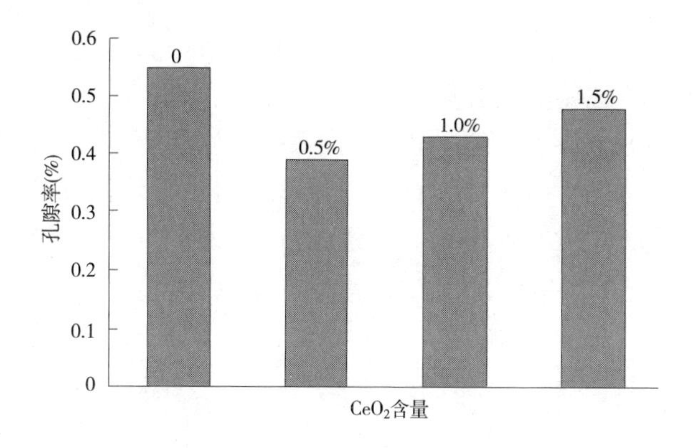

图 3-10　不同 CeO_2 含量的涂层的平均孔隙率

3.5.2.2　La_2O_3 掺杂纳米 WC-10Co4Cr 涂层

表 3-9 为 La_2O_3 改性纳米碳化钨涂层的孔隙率测试结果,0# 为未掺杂 La_2O_3 的纳米 WC-10Co4Cr 涂层,其孔隙率为 0.55%。从结果可以看出,涂层具有较低的孔隙率,孔隙率均小于 0.5%。涂层的孔隙率大小和粉末颗粒的熔化程度及喷涂速度有很大的关系,颗粒的熔化效果好,与基体发生碰撞时,易发生变形和扁平化,有利于颗粒间的致密结合。低的孔隙率说明超音速火焰喷涂过程中粉末颗粒的扁平化程度高,制备的 La_2O_3 改性纳米 WC-10Co4Cr 涂层致密度高。

表 3-9　La_2O_3 掺杂纳米 WC-10Co4Cr 涂层孔隙率　(%)

工艺号	测量值					平均值
	1	2	3	4	5	
0#	0.60	0.51	0.65	0.53	0.48	0.55
1#	0.41	0.43	0.34	0.37	0.40	0.38
2#	0.56	0.58	0.47	0.49	0.56	0.40
3#	0.37	0.39	0.41	0.46	0.32	0.39
4#	0.94	0.86	0.89	0.85	0.81	0.49
5#	0.47	0.56	0.39	0.49	0.54	0.43
6#	0.40	0.39	0.34	0.49	0.43	0.41
7#	0.54	0.58	0.52	0.60	0.56	0.46
8#	0.65	0.49	0.54	0.62	0.60	0.44
9#	0.55	0.48	0.54	0.39	0.44	0.45

根据表 3-10 中涂层孔隙率极差的大小可知：工艺参数对超音速喷涂 La_2O_3 改性纳米碳化钨涂层孔隙率影响的主次顺序依次为：掺杂量→氧气流量→煤油流量→送粉率，掺杂量对涂层孔隙率产生的影响最大。根据图 3-11 中 La_2O_3 掺杂纳米 WC-10Co4Cr 涂层孔隙率因素水平均值并结合表 3-10，获得最小孔隙率的工艺参数组合为 a1+b3+c1+d1，即 La_2O_3 含量为 0.5%，煤油流量为 28 L/h，氧气流量为 50 m^3/h，送粉率为 65 g/min。

表 3-10　La_2O_3 掺杂纳米 WC-10Co4Cr 涂层孔隙率正交试验直观分析表

因素	掺杂量(质量百分比)(%)	煤油流量(L/h)	氧气流量(m^3/h)	送粉率(g/min)	孔隙率试验结果(%)
试验 1	0.5	24	50	65	0.38
试验 2	0.5	26	52	75	0.40
试验 3	0.5	28	54	85	0.39
试验 4	1.0	24	52	85	0.49
试验 5	1.0	26	54	65	0.43
试验 6	1.0	28	50	75	0.41
试验 7	1.5	24	54	75	0.46
试验 8	1.5	26	50	85	0.44
试验 9	1.5	28	52	65	0.45
均值 1	0.390%	0.443%	0.410%	0.420%	—
均值 2	0.443%	0.423%	0.447%	0.423%	—
均值 3	0.450%	0.417%	0.427%	0.440%	—
极差	0.060%	0.026%	0.037%	0.020%	—

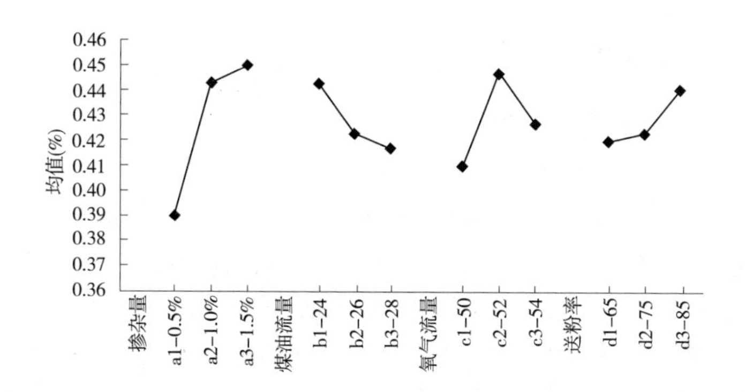

图 3-11　La_2O_3 掺杂纳米 WC-10Co4Cr 涂层孔隙率因素水平均值

图 3-12 为不同 La_2O_3 含量的涂层的平均孔隙率，未添加 La_2O_3 涂层的平均孔隙率为 0.55%，添加 0.5%、1.0%、1.5%的 La_2O_3 涂层的平均孔隙率分别为 0.390%、0.443%、0.450%。通过对比可以看出，La_2O_3 的添加降低了涂层孔隙率，随着 La_2O_3 含量的提高，涂层的平均孔隙率逐渐增大，但变化幅度较低。该趋势也说明了 La_2O_3 含量增大不利于涂层的致密性。其中，在添加量为 0.5%时，涂层的平均孔隙率最低。

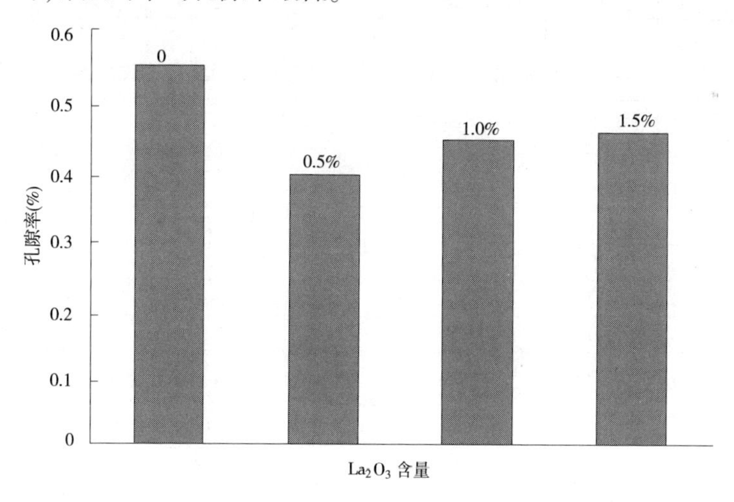

图 3-12　不同 La_2O_3 含量的涂层的平均孔隙率

3.5.3 结合强度分析

3.5.3.1 CeO_2 掺杂纳米 WC-10Co4Cr 涂层

由表 3-11 中 CeO_2 掺杂纳米 WC-10Co4Cr 涂层的抗拉结合强度测试值可知,0#为未掺杂 CeO_2 的纳米 WC-10Co4Cr 涂层,其结合强度为 85 MPa。CeO_2 掺杂纳米碳化钨涂层具有较大的结合强度,超音速火焰喷涂工艺条件下获得的涂层的结合强度最高达 144 MPa,根据表 3-12 中极差的大小可知:氧气流量对 CeO_2 掺杂纳米碳化钨涂层结合强度的影响最弱,而掺杂量对涂层的结合强度的影响最大。工艺参数对超音速喷涂 CeO_2 改性纳米碳化钨涂层的结合强度性能影响的主次顺序依次为:掺杂量→送粉率→煤油流量→氧气流量。根据图 3-13 中 CeO_2 掺杂纳米 WC-10Co4Cr 涂层结合强度因素水平均值并结合表 3-12,获得最大结合强度的工艺参数组合为 a2+b1+c3+d3,即 CeO_2 含量为 1.0%,煤油流量为 24 L/h,氧气流量为 54 m^3/h,送粉率为 85 g/min。

表 3-11 CeO_2 掺杂纳米 WC-10Co4Cr 涂层的抗拉结合强度

项目	抗拉结合强度									
工艺号	0#	1#	2#	3#	4#	5#	6#	7#	8#	9#
结合强度(MPa)	85	102	96	113	144	124	131	122	111	87

表 3-12 CeO_2 掺杂纳米 WC-10Co4Cr 涂层抗拉结合强度正交试验直观分析表

因素	掺杂量(质量百分比)(%)	煤油流量(L/h)	氧气流量(m^3/h)	送粉率(g/min)	抗拉结合强度试验结果(MPa)
试验 1	0.5	24	50	65	102
试验 2	0.5	26	52	75	96
试验 3	0.5	28	54	85	113
试验 4	1.0	24	52	85	144
试验 5	1.0	26	54	65	124
试验 6	1.0	28	50	75	131
试验 7	1.5	24	54	75	122
试验 8	1.5	26	50	85	111
试验 9	1.5	28	52	65	87
均值 1	103.667	122.667	114.667	104.333	—
均值 2	133.000	110.333	109.000	116.333	—
均值 3	106.667	110.333	119.667	122.667	—
极差	29.333	12.334	10.667	18.334	—

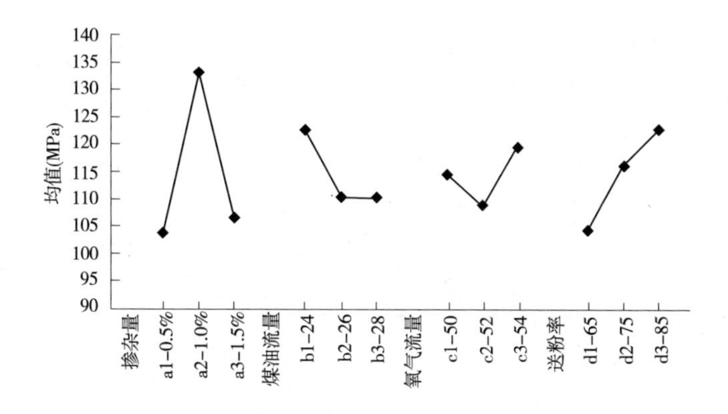

图 3-13　CeO_2 掺杂纳米 WC-10Co4Cr 涂层结合强度因素水平均值

图 3-14 为不同 CeO_2 含量的涂层的平均结合强度,未添加 CeO_2 涂层的平均结合强度为 85 MPa。添加 0.5%、1.0%、1.5%的 CeO_2 涂层的平均结合强度分别为 103.667 MPa、133.000 MPa、106.667 MPa。通过平均结合强度可以看出,随着 CeO_2 的添加量的增加,涂层的结合强度先增大后减小,在 1.0%的 CeO_2 含量时,涂层的平均结合强度最大,为 133.000 MPa。

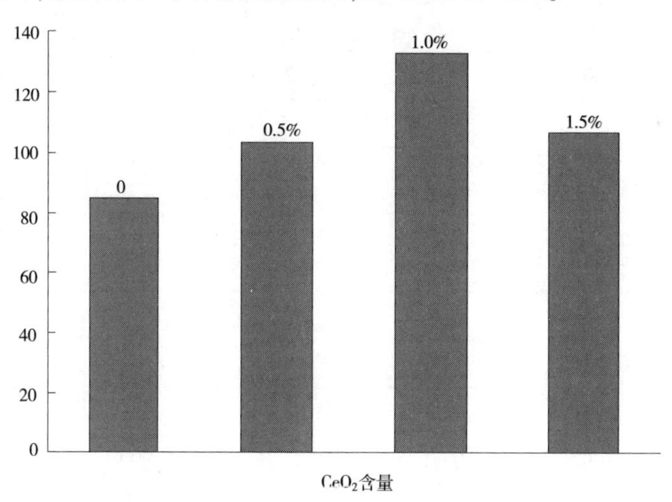

图 3-14　不同 CeO_2 含量的涂层的平均结合强度

3.5.3.2　La_2O_3 掺杂纳米 WC-10Co4Cr 涂层

由表 3-13 中 La_2O_3 掺杂纳米 WC-10Co4Cr 涂层结合强度测试值可知,0#

为未掺杂 La_2O_3 的纳米 WC-10Co4Cr 涂层,其结合强度为 85 MPa。La_2O_3 掺杂纳米碳化钨涂层具有较大的结合强度,超音速火焰喷涂工艺条件下获得的涂层的最大结合强度达 137 MPa,根据表 3-14 中的极差大小可知:掺杂量对 La_2O_3 掺杂纳米碳化钨涂层结合强度的影响最大,而煤油流量对涂层结合强度的影响最弱。工艺参数对超音速喷涂纳米碳化钨涂层的结合强度性能影响的主次顺序依次为:掺杂量→送粉率→氧气流量→煤油流量。

表 3-13　La_2O_3 掺杂纳米 WC-10Co4Cr 涂层结合强度

项目	抗拉结合强度									
工艺号	0#	1#	2#	3#	4#	5#	6#	7#	8#	9#
结合强度(MPa)	85	92	114	123	131	137	106	121	88	97

表 3-14　La_2O_3 掺杂纳米 WC-10Co4Cr 涂层抗拉结合强度正交试验直观分析表

因素	掺杂量(质量百分比)(%)	煤油流量(L/h)	氧气流量(m^3/h)	送粉率(g/min)	抗拉结合强度试验结果(MPa)
试验 1	0.5	24	50	65	92
试验 2	0.5	26	52	75	114
试验 3	0.5	28	54	85	123
试验 4	1.0	24	52	85	131
试验 5	1.0	26	54	65	137
试验 6	1.0	28	50	75	106
试验 7	1.5	24	54	75	121
试验 8	1.5	26	50	85	88
试验 9	1.5	28	52	65	97
均值 1	109.667	103.667	103.333	95.000	—
均值 2	119.333	105.667	110.667	107.667	—
均值 3	90.667	110.333	105.667	117.000	—
极差	28.666	6.666	7.334	22.000	—

根据图 3-15 中 La_2O_3 掺杂纳米 WC-10Co4Cr 涂层结合强度因素水平均值

并结合表 3-14,获得最大结合强度的工艺参数组合为 a2+b3+c2+d3,即 La_2O_3 含量为 1.0%,煤油流量为 28 L/h,氧气流量为 52 m^3/h,送粉率为 85 g/min。

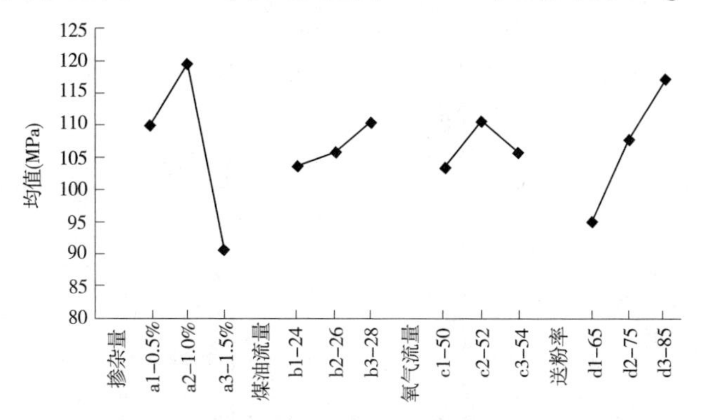

图 3-15　La_2O_3 掺杂纳米 WC-10Co4Cr 涂层结合强度因素水平均值

图 3-16 为不同 La_2O_3 含量的涂层的平均结合强度,未添加 La_2O_3 的涂层的平均结合强度为 85 MPa。添加 0. 5%、1. 0%、1. 5%的 La_2O_3 涂层的平均结合强度分别为 109. 667 MPa、119. 333 MPa、90. 667 MPa。通过平均结合强度可以看出,在 1. 0%的 La_2O_3 含量时,涂层的平均结合强度最大,为 119. 333 MPa。

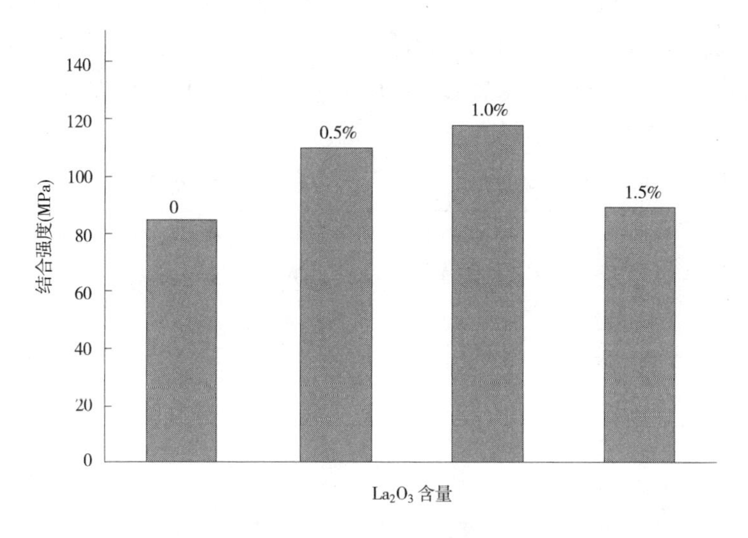

图 3-16　不同 La_2O_3 含量的涂层的平均结合强度

3.5.4 耐磨损性能分析

3.5.4.1 CeO_2 掺杂纳米 WC-10Co4Cr 涂层

通过摩擦磨损试验测试涂层的耐磨性能,并与基体的耐磨性能进行比较。其摩擦磨损失重如表 3-15 所示。

表 3-15 CeO_2 掺杂纳米 WC-10Co4Cr 涂层的摩擦磨损失重

基体平均失重(mg)	60.20									
工艺号	0#	1#	2#	3#	4#	5#	6#	7#	8#	9#
涂层平均失重(mg)	0.55	0.59	0.57	0.47	0.53	0.41	0.56	0.53	0.61	0.54
倍数	109.45	102.03	105.61	128.08	113.58	146.83	107.50	113.58	98.69	111.48

由表 3-15 可知,0#为未掺杂 CeO_2 的纳米 WC-10Co4Cr 涂层,其耐磨性为不锈钢基体的 109.45 倍。CeO_2 改性纳米碳化钨涂层具有良好的耐磨性能,最好的涂层耐磨性为不锈钢基体的 146.83 倍。

从表 3-16 中极差的大小可知:工艺参数对超音速喷涂 CeO_2 改性纳米碳化钨涂层的耐磨性能影响的主次顺序依次为:氧气流量→掺杂量→送粉率→煤油流量,氧气流量的大小对涂层的耐磨性能影响最大。根据图 3-17 中 CeO_2 掺杂纳米 WC-10Co4Cr 涂层摩擦磨损因素水平均值并结合表 3-16,获得最佳抗磨性能的工艺参数组合为 a2+b2+c3+d1,即 CeO_2 含量为 1.0%,煤油流量为 26 L/h,氧气含量为 54 m^3/h,送粉率为 65 g/min。

表 3-16 CeO_2 掺杂纳米 WC-10Co4Cr 涂层摩擦磨损正交试验直观分析表

因素	掺杂量(质量百分比)(%)	煤油流量(L/h)	氧气流量(m^3/h)	送粉率(g/min)	涂层摩擦损失试验结果
试验 1	0.5	24	50	65	102.03
试验 2	0.5	26	52	75	105.61
试验 3	0.5	28	54	85	128.08
试验 4	1.0	24	52	85	113.58
试验 5	1.0	26	54	65	146.83
试验 6	1.0	28	50	75	107.50

续表 3-16

因素	掺杂量(质量百分比)(%)	煤油流量(L/h)	氧气流量(m^3/h)	送粉率(g/min)	涂层摩擦损失试验结果
试验 7	1.5	24	54	75	113.58
试验 8	1.5	26	50	85	98.69
试验 9	1.5	28	52	65	111.48
均值 1	111.907	109.730	102.737	120.113	—
均值 2	122.637	117.040	110.223	108.897	—
均值 3	107.913	115.687	129.497	113.447	—
极差	14.724	7.310	26.760	11.216	—

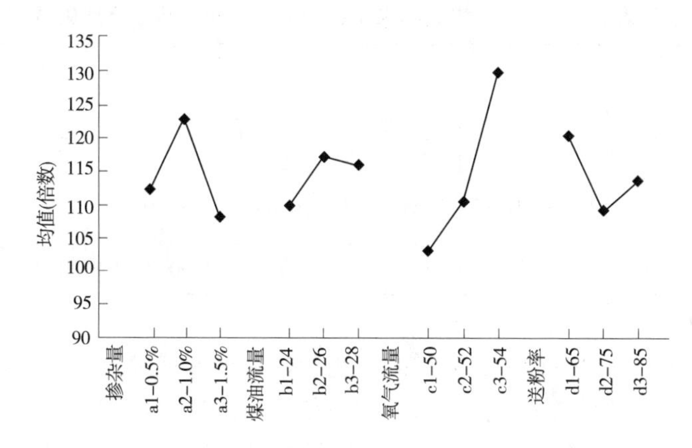

图 3-17　CeO_2 掺杂纳米 WC-10Co4Cr 涂层摩擦磨损因素水平均值

图 3-18 为不同 CeO_2 含量的涂层相对于不锈钢基体的平均耐磨损倍数，未添加 CeO_2 的涂层为基体耐磨损的 109.45 倍。添加 0.5%、1.0%、1.5%的 CeO_2 涂层的平均耐磨损倍数分别为 111.907、122.637、107.913。通过耐磨损倍数可以看出，随着 CeO_2 的添加量的增加，涂层的耐磨损性能有所降低。在 CeO_2 含量为 1.0%时，涂层平均耐磨损性能最高，有助于提高涂层的抗磨损性能。

3.5.4.2　La_2O_3 掺杂纳米 WC-10Co4Cr 涂层

从 La_2O_3 掺杂纳米 WC-10Co4Cr 涂层摩擦磨损试验数据可知(见表 3-17)，0#为未掺杂 La_2O_3 的纳米 WC-10Co4Cr 涂层，其耐磨性为不锈钢基体的 109.45 倍。La_2O_3 改性纳米 WC-10Co4Cr 涂层具有优良的耐磨性能，最好的涂层耐磨性为不锈钢基体的 140.00 倍。

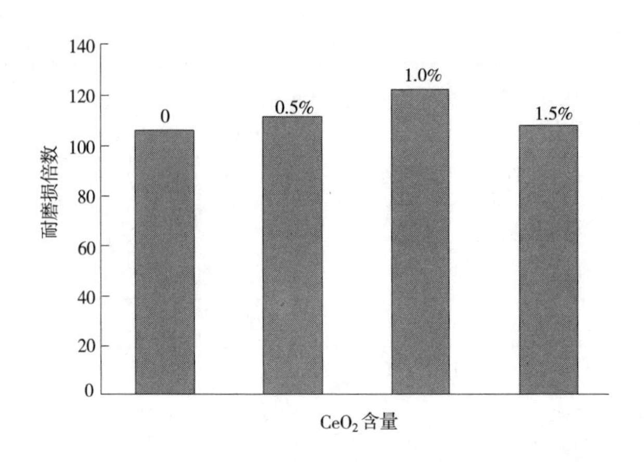

图 3-18　不同 CeO_2 含量的涂层相对于不锈钢基体的平均耐磨损倍数

表 3-17　La_2O_3 掺杂纳米 WC-10Co4Cr 涂层摩擦磨损失重

基体平均失重(mg)	60.20									
工艺号	0#	1#	2#	3#	4#	5#	6#	7#	8#	9#
涂层平均失重(mg)	0.55	0.64	0.57	0.60	0.49	0.43	0.51	0.50	0.51	0.67
倍数	109.45	94.06	105.61	100.33	122.86	140.00	118.04	120.40	118.04	89.85

从表 3-18 中的极差大小可知:工艺参数对超音速喷涂 La_2O_3 改性纳米碳化钨涂层的耐磨性能影响的主次顺序依次为:掺杂量→煤油流量→氧气流量→送粉率,掺杂量的大小对涂层的耐磨性能影响最大。根据图 3-19 中 La_2O_3 掺杂纳米 WC-10Co4Cr 涂层摩擦磨损因素水平均值并结合表 3-18,获得最佳耐磨性能的工艺参数组合为 a2+b2+c3+d2,即 La_2O_3 含量为 1.0%,煤油流量为 26 L/h,氧气含量为 54 m^3/h,送粉率为 75 g/min。

表 3-18　La_2O_3 掺杂纳米 WC-10Co4Cr 涂层摩擦磨损正交试验直观分析表

因素	掺杂量(质量百分比)(%)	煤油流量(L/h)	氧气流量(m^3/h)	送粉率(g/min)	涂层摩擦损失试验结果
试验 1	0.5	24	50	65	94.06
试验 2	0.5	26	52	75	105.61
试验 3	0.5	28	54	85	100.33

续表 3-18

因素	掺杂量(质量百分比)(%)	煤油流量(L/h)	氧气流量(m^3/h)	送粉率(g/min)	涂层摩擦损失试验结果
试验 4	1.0	24	52	85	122.86
试验 5	1.0	26	54	65	140.00
试验 6	1.0	28	50	75	118.04
试验 7	1.5	24	54	75	120.40
试验 8	1.5	26	50	85	118.04
试验 9	1.5	28	52	65	89.85
均值 1	100.000	112.440	110.163	107.973	—
均值 2	126.963	121.337	106.110	114.680	—
均值 3	109.553	102.740	120.243	113.863	—
极差	26.963	18.597	14.133	6.707	—

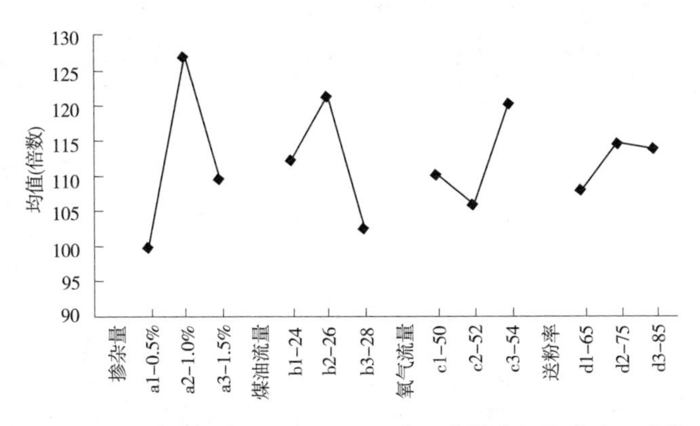

图 3-19　La_2O_3 掺杂纳米 WC-10Co4Cr 涂层摩擦磨损因素水平均值

图 3-20 为添加不同 La_2O_3 含量的涂层相对于不锈钢基体的耐磨损倍数，未添加 La_2O_3 的涂层为基体耐磨损的 109.45 倍，添加 0.5%、1.0%、1.5%的 La_2O_3 涂层的平均耐磨损倍数分别为 100.000、126.963、109.553。由数据及图像可以看出，随着 La_2O_3 添加量的增加，涂层相对于不锈钢基体的耐磨损倍数先增大后减小，在 La_2O_3 含量为 1.0%时，涂层平均耐磨损性能最高，有助于提高涂层的耐磨损性能。

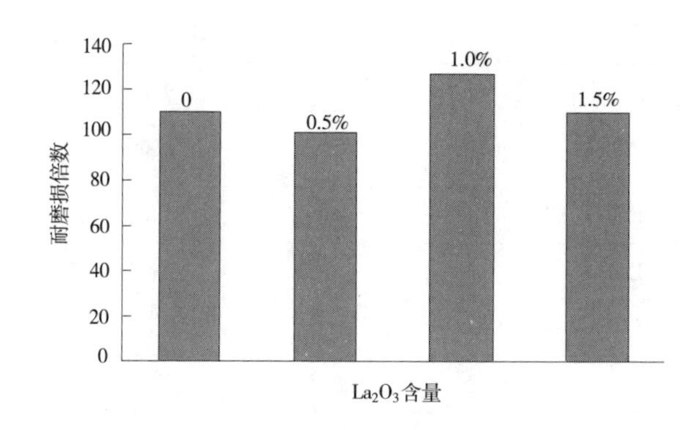

图 3-20 不同 La_2O_3 含量的涂层相对于不锈钢基体的耐磨损倍数

3.5.5 抗磨蚀性能分析

3.5.5.1 CeO_2 掺杂纳米 WC-10Co4Cr 涂层

表 3-19 为 CeO_2 掺杂纳米 WC-10Co4Cr 涂层的抗磨蚀性能测试结果。0# 为未掺杂 CeO_2 的纳米 WC-10Co4Cr 涂层，其抗磨蚀性为基体的 18.20 倍。从表 3-19 中看出，纳米涂层的抗泥沙磨蚀性能优良，其抗磨蚀性能最大可达基体的 23.15 倍，表现出优异的抗磨蚀性能。

表 3-19 CeO_2 掺杂纳米 WC-10Co4Cr 涂层抗磨蚀性能测试结果

基体平均失重(mg)	165.28									
工艺号	0#	1#	2#	3#	4#	5#	6#	7#	8#	9#
涂层平均失重(mg)	9.08	8.92	8.01	7.14	7.72	7.46	8.59	9.79	7.63	7.99
倍数	18.20	18.53	20.63	23.15	21.41	22.16	19.24	16.88	21.66	20.68

从表 3-20 中极差的大小可知：工艺参数对超音速喷涂 CeO_2 改性纳米碳化钨涂层的抗磨蚀性能影响的主次顺序依次为：送粉率→煤油流量→掺杂量→氧气流量，送粉率的大小对涂层的抗磨蚀性能的影响最大。根据图 3-21 中 CeO_2 掺杂纳米 WC-10Co4Cr 涂层抗磨蚀因素水平均值并结合表 3-20，获得最佳抗磨蚀性能的工艺参数组合为 a2+b2+c2+d3，即 CeO_2 含量为 1.0%，煤油流量为 26 L/h，氧气流量为 52 m^3/h，送粉率为 85 g/min。

表 3-20　CeO_2 掺杂纳米 WC-10Co4Cr 涂层抗磨蚀性能正交试验直观分析表

因素	掺杂量(质量百分比)(%)	煤油流量(L/h)	氧气流量(m^3/h)	送粉率(g/min)	涂层抗磨蚀性能试验结果
试验 1	0.5	24	50	65	18.53
试验 2	0.5	26	52	75	20.63
试验 3	0.5	28	54	85	23.15
试验 4	1.0	24	52	85	21.41
试验 5	1.0	26	54	65	22.16
试验 6	1.0	28	50	75	19.24
试验 7	1.5	24	54	75	16.88
试验 8	1.5	26	50	85	21.66
试验 9	1.5	28	52	65	20.68
均值 1	20.770	18.940	19.810	20.457	—
均值 2	20.937	21.483	20.907	18.917	—
均值 3	19.740	21.023	20.730	22.073	—
极差	1.197	2.543	1.097	3.156	—

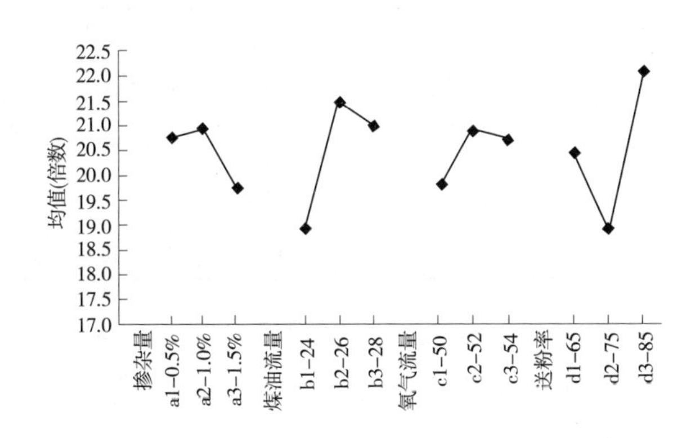

图 3-21　CeO_2 掺杂纳米 WC-10Co4Cr 涂层抗磨蚀因素水平均值

图 3-22 为添加不同 CeO_2 含量的涂层相对于基体的抗磨蚀倍数,未添加 CeO_2 的涂层为基体耐磨蚀的 18.20 倍。添加 0.5%、1.0%、1.5%的 CeO_2 涂层的平均耐磨蚀倍数分别为 20.770、20.937、19.740。涂层的平均抗磨蚀性

能随着稀土 CeO_2 含量的增加先增大后减小，但变化不大，在 CeO_2 含量为 1.0%时，涂层的平均抗磨蚀性能最佳。

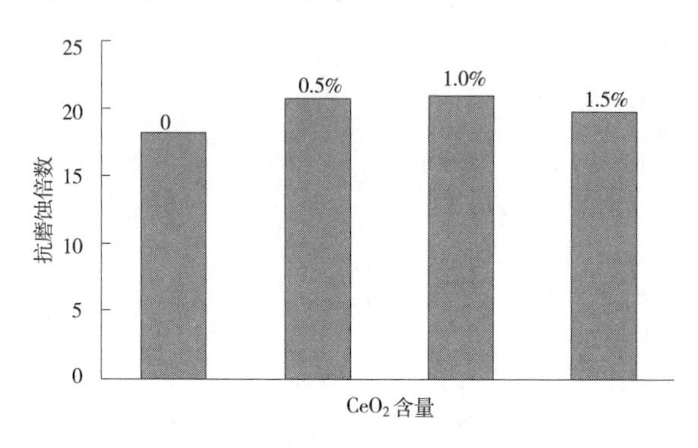

图 3-22　不同 CeO_2 含量的涂层相对于基体的抗磨蚀倍数

3.5.5.2　La_2O_3 掺杂纳米 WC-10Co4Cr 涂层

表 3-21 为 La_2O_3 掺杂纳米 WC-10Co4Cr 涂层的抗磨蚀性能测试结果。0#为未掺杂 La_2O_3 的纳米 WC-10Co4Cr 涂层，其抗磨蚀性为基体的 18.20 倍。从表 3-21 中看出，纳米涂层的抗泥沙磨蚀性能优良，其抗磨蚀性能达基体的 20 倍以上，最大可达基体的 22.52 倍，表现出优异的抗磨蚀性能。

表 3-21　La_2O_3 掺杂纳米 WC-10Co4Cr 涂层抗磨蚀性能测试结果

基体平均失重(mg)	165.28									
工艺号	0#	1#	2#	3#	4#	5#	6#	7#	8#	9#
涂层平均失重(mg)	9.08	9.69	8.22	7.34	8.42	7.61	8.07	9.07	7.92	7.55
倍数	18.20	17.06	20.11	22.52	19.63	21.72	20.48	18.22	20.87	21.89

从表 3-22 中极差的大小可知：工艺参数对超音速喷涂 La_2O_3 改性纳米碳化钨涂层的抗磨蚀性能影响的主次顺序依次为：煤油流量→送粉率→氧气流量→掺杂量，煤油流量大小对涂层的抗磨蚀性能的影响最大。根据图 3-23 中 La_2O_3 掺杂纳米 WC-10Co4Cr 涂层抗磨蚀因素水平均值并结合表 3-22，获得最佳抗磨蚀性能的工艺参数组合为 a2+b3+c3+d3，即 La_2O_3 含量为 1.0%，煤油流量为 28 L/h，氧气流量为 54 m^3/h，送粉率为 85 g/min。

表 3-22　La_2O_3 掺杂纳米 WC-10Co4Cr 涂层抗磨蚀性能正交试验直观分析表

因素	掺杂量(质量百分比)(%)	煤油流量(L/h)	氧气流量(m^3/h)	送粉率(g/min)	涂层抗磨蚀性能试验结果
试验 1	0. 5	24	50	65	17. 06
试验 2	0. 5	26	52	75	20. 11
试验 3	0. 5	28	54	85	22. 52
试验 4	1. 0	24	52	85	19. 63
试验 5	1. 0	26	54	65	21. 72
试验 6	1. 0	28	50	75	20. 48
试验 7	1. 5	24	54	75	18. 22
试验 8	1. 5	26	50	85	20. 87
试验 9	1. 5	28	52	65	21. 89
均值 1	19. 897	18. 303	19. 470	20. 220	—
均值 2	20. 610	20. 900	20. 540	19. 603	—
均值 3	20. 323	21. 627	20. 820	21. 007	—
极差	0. 713	3. 324	1. 350	1. 404	—

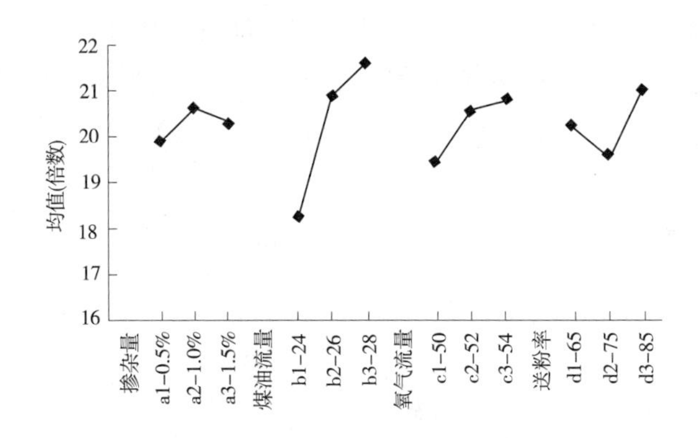

图 3-23　La_2O_3 掺杂纳米 WC-10Co4Cr 涂层抗磨蚀因素水平均值

图 3-24 为添加不同 La_2O_3 含量的涂层相对于基体的抗磨蚀倍数，未添加 La_2O_3 的涂层为基体耐磨蚀的 18. 20 倍。添加 0. 5%、1. 0%、1. 5%的 La_2O_3 涂层的平均抗磨蚀性能分别为 19. 897、20. 610、20. 323。涂层的抗磨蚀性能随着 La_2O_3 的添加量的增加呈先增大后减小的趋势，但总体变化不大。在 La_2O_3 含量为 1. 0%时，涂层的平均抗磨蚀性能最佳。

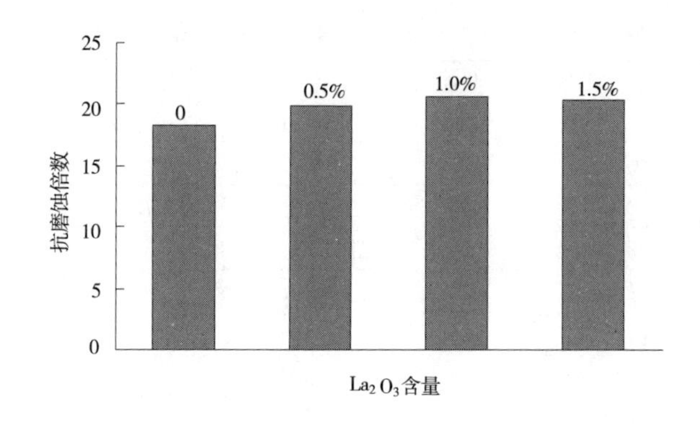

图 3-24　不同 La_2O_3 含量的涂层相对于基体的抗磨蚀倍数

3.5.6　耐腐蚀性能分析

图 3-25 为 CeO_2 掺杂纳米 WC-10Co4Cr 涂层的电化学曲线，从电化学曲线可以看出，相对于未改性涂层，大部分 CeO_2 改性涂层的电化学曲线发生右移，其中 1#、3#、4#、5#涂层的自腐蚀电位甚至高于不锈钢基体，说明 CeO_2 的添加有助于提高涂层的自腐蚀电位、降低涂层的自腐蚀倾向。表 3-23 为 CeO_2 掺杂纳米 WC-10Co4Cr 涂层自腐蚀电位和自腐蚀电流密度。

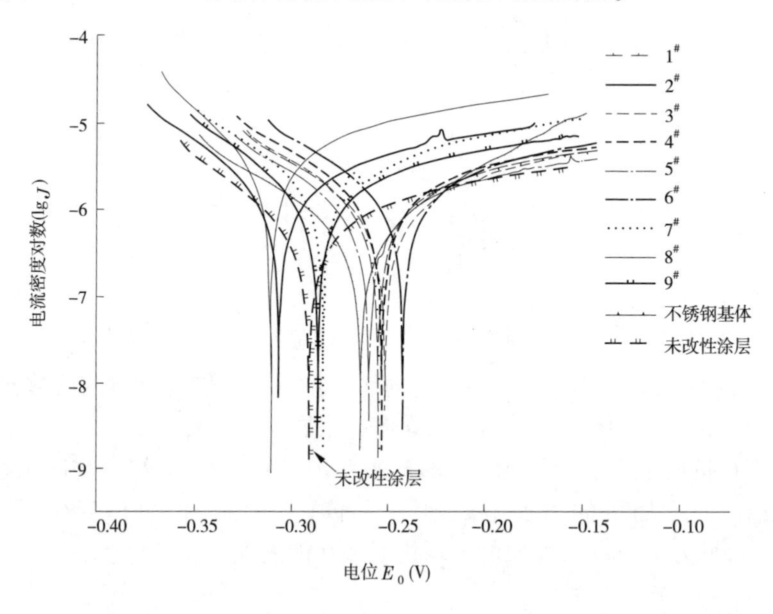

图 3-25　CeO_2 掺杂纳米 WC-10Co4Cr 涂层的电化学曲线

表 3-23 CeO_2 掺杂纳米 WC-10Co4Cr 涂层自腐蚀电位和自腐蚀电流密度

样本号	E_0(V)	i_{corr}($\times10^{-7}$ A/cm^2)
不锈钢基体	-0.264 5	4.61
0#	-0.291 5	4.49
1#	-0.254 1	8.20
2#	-0.308 8	11.80
3#	-0.251 0	4.20
4#	-0.252 6	7.60
5#	-0.259 6	6.26
6#	-0.289 3	12.70
7#	-0.283 5	13.60
8#	-0.310 2	8.49
9#	-0.285 3	9.51

图 3-26 为 La_2O_3 掺杂纳米 WC-10Co4Cr 涂层的电化学曲线,从电化学曲线可以看出,相对于未改性涂层,大部分 La_2O_3 改性涂层的电化学曲线发生右移,其中 2#、3#涂层的自腐蚀电位高于不锈钢基体,说明 La_2O_3 的添加有助于提高涂层的自腐蚀电位、降低涂层的自腐蚀倾向。表 3-24 为 La_2O_3 掺杂纳米 WC-10Co4Cr 涂层自腐蚀电位和自腐蚀电流密度。

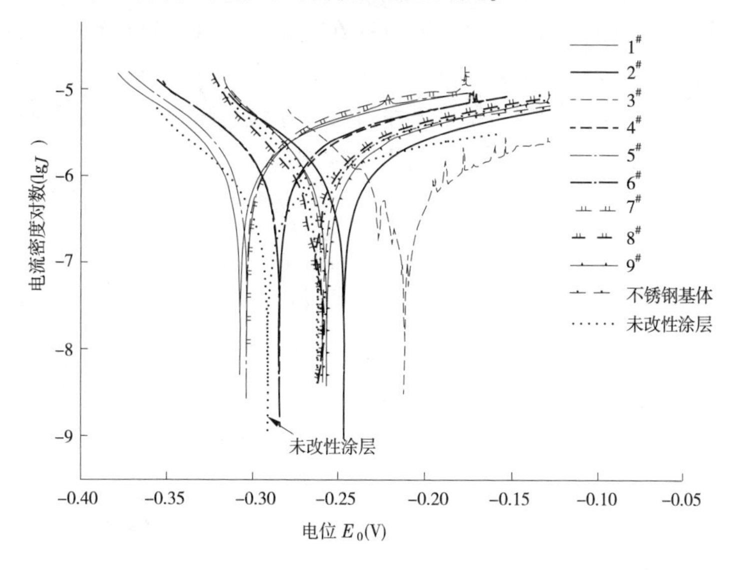

图 3-26 La_2O_3 掺杂纳米 WC-10Co4Cr 涂层的电化学曲线

表 3-24　La_2O_3 掺杂纳米 WC-10Co4Cr 涂层自腐蚀电位和自腐蚀电流密度

样本号	E_0(V)	i_{corr}($\times10^{-7}$ A/cm^2)
不锈钢基体	-0.264 5	4.61
0#	-0.291 5	4.49
1#	-0.314 6	10.20
2#	-0.248 1	12.80
3#	-0.212 4	6.10
4#	-0.281 0	9.60
5#	-0.308 8	4.26
6#	-0.286 3	9.70
7#	-0.309 7	11.60
8#	-0.266 3	10.43
9#	-0.310 1	7.58

3.5.7　微观组织形貌分析

图 3-27 为稀土掺杂改性纳米碳化钨涂层的典型 XRD 图谱,从图谱中发现,碳化钨涂层中 WC 相为主相,但也存在较弱的 W_2C 相的衍射峰,说明在喷涂过程中,WC 相发生了分解脱碳,形成了 W_2C 相。W_2C 相硬度高,但脆性较大,其存在不利于涂层的性能,是喷涂过程中所应尽量避免的。衍射峰中未见含 Ce 相或 La 相,主要是其含量低,未能检测出。

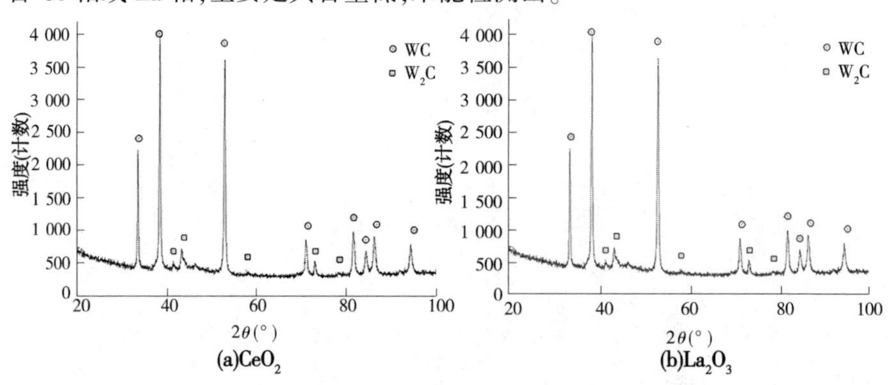

图 3-27　稀土掺杂改性纳米碳化钨涂层的 XRD 图谱

图 3-28 和图 3-30 分别为 CeO_2、La_2O_3 掺杂改性纳米 WC-10Co4Cr 涂层的微观显微组织图片，从图中可以看出，涂层与基体连接紧密，所制备的碳化钨涂层均匀，无分层现象，涂层的孔隙较少，表现出良好的致密性。涂层中明显可以看到黏结剂包囊 WC 颗粒，WC 颗粒尺寸较小，小于 1 μm。图 3-29 和图 3-31 分别为 CeO_2、La_2O_3 掺杂改性纳米 WC-10Co4Cr 涂层的微观显微组织的截面线扫描图片，从线扫描图片可以看出，CeO_2 和 La_2O_3 在涂层中分布较均匀，未出现明显的偏聚现象，较好地发挥了稀土的改性作用。

(a)×400　(b)×1 000

(c)×3 000　(d)×6 000

图 3-28　CeO_2 掺杂改性纳米 WC-10Co4Cr 涂层的微观 SEM 图片

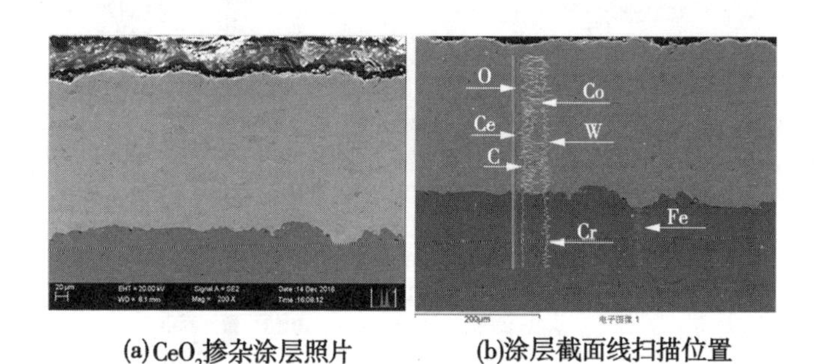

(a) CeO_2掺杂涂层照片　(b)涂层截面线扫描位置

图 3-29　CeO_2 掺杂改性纳米 WC-10Co4Cr 涂层的微观显微组织的截面线扫描图片

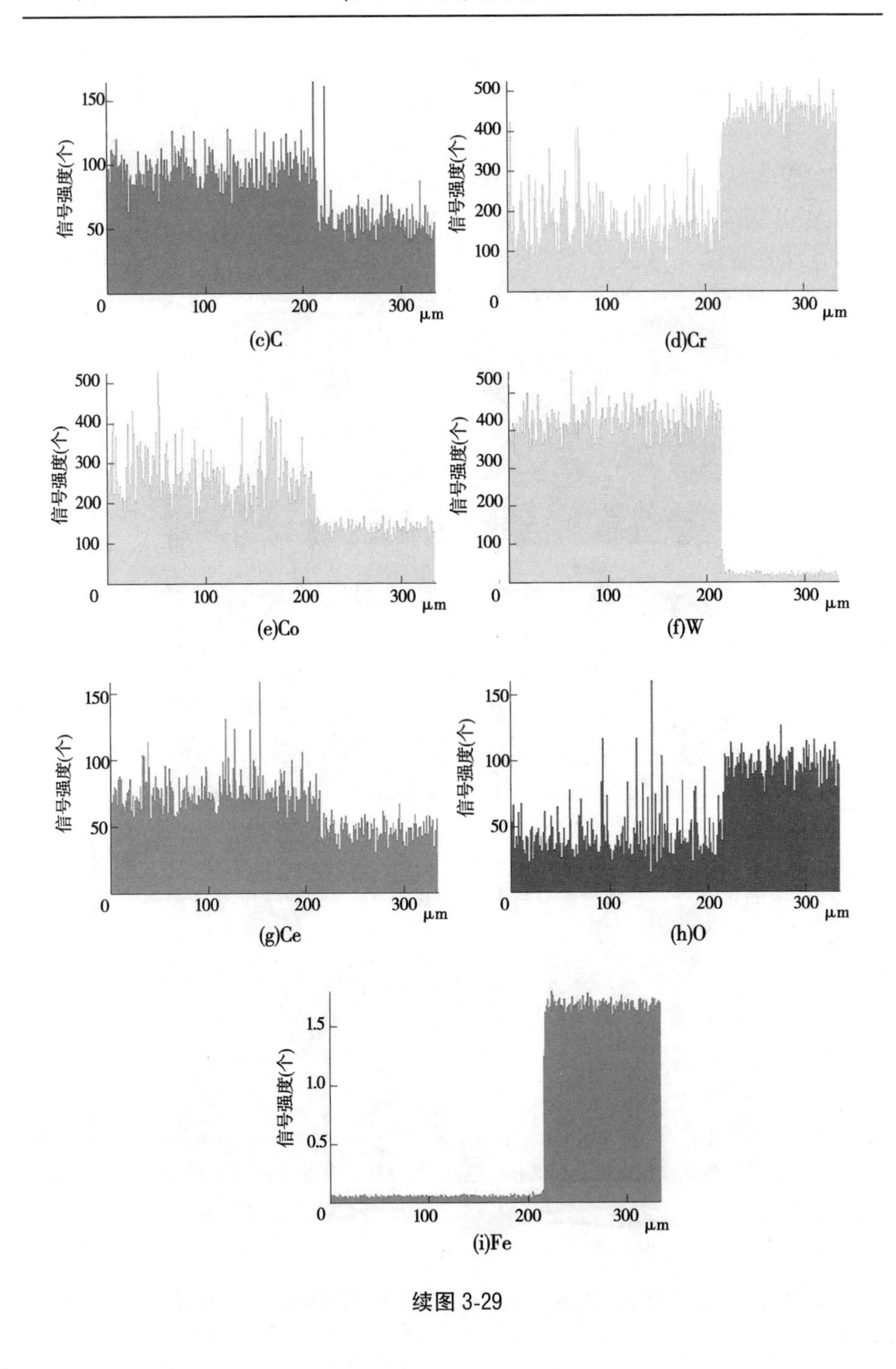
信号强度(个)
150
100
50
0
100
200
300
μm
(c)C
500
400
300
200
100
(d)Cr
(e)Co
(f)W
(g)Ce
(h)O
1.5
1.0
0.5
(i)Fe

续图 3-29

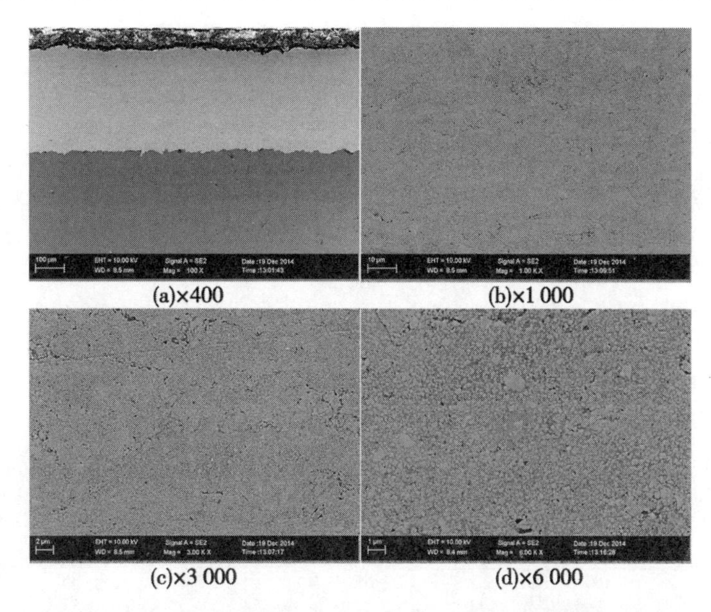

图 3-30　La_2O_3 掺杂改性纳米 WC-10Co4Cr 涂层的微观 SEM 图片

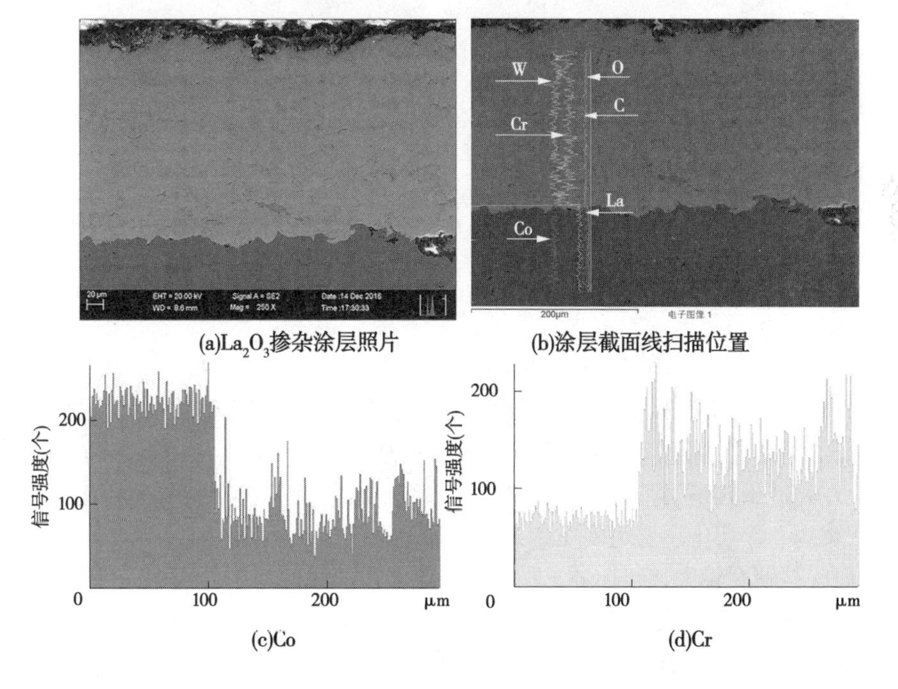

图 3-31　La_2O_3 掺杂改性纳米 WC-10Co4Cr 涂层的微观显微组织的截面线扫描图片

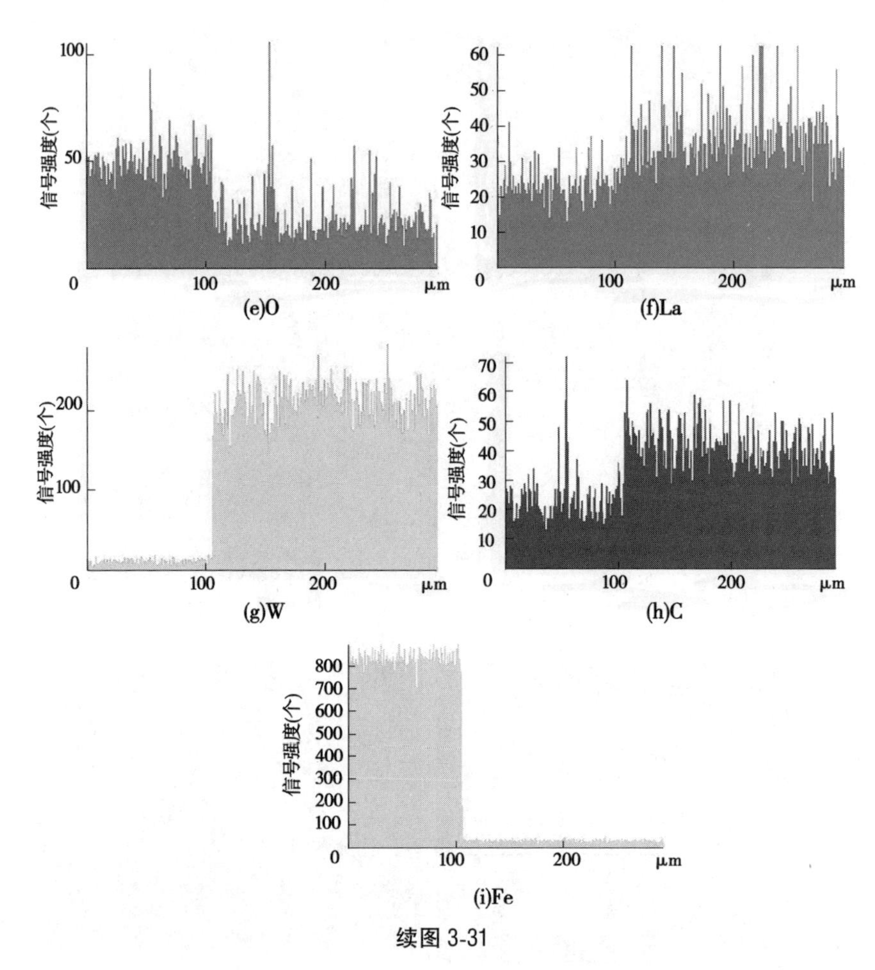

续图 3-31

3.5.8　磨蚀机制分析

图 3-32 和图 3-33 分别为 CeO_2 和 La_2O_3 掺杂改性纳米碳化钨涂层磨蚀后表面 SEM 形貌，从涂层的表面形貌上可以清晰地看到泥沙对涂层表面冲刷的痕迹。在高速旋转下，含沙泥浆对试样表面进行快速冲刷，在涂层表面冲蚀作用下形成犁沟。涂层中主要为硬质相 WC 和 CoCr 黏结相，由于 CoCr 黏结相硬度较低，而沙粒硬度较大，会对 CoCr 黏结相造成严重的犁削作用，导致 WC 颗粒裸露在涂层表面，图中浅色颗粒就是冲蚀作用后裸露在外的 WC 颗粒。裸露在外的 WC 颗粒由于缺乏黏结相的黏结，在受到沙粒的不断切削和撞击作用下发生脱落。随着黏结相的切削和 WC 颗粒的不断脱落，造成涂层的磨损。含沙的运动具有方向性，使得涂层表面的犁沟也呈现出一定的规律性和方向性，即沿着含沙

水流线速度矢量的方向。涂层表面还形成了一个个磨蚀坑,这些孔洞形成的原因可能是在泥沙的磨蚀作用下,引起 WC 颗粒的脱落。因此,磨蚀对涂层的失效作用主要是通过对表面涂层的磨蚀作用造成的涂层脱落引起的。

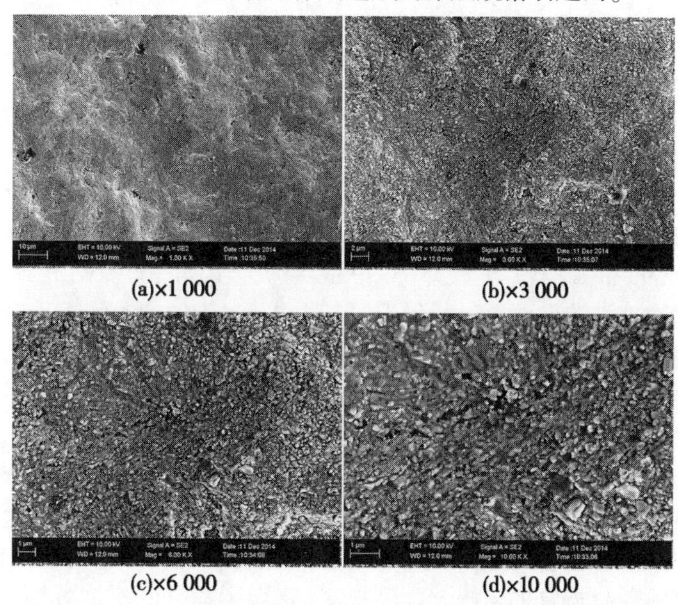

图 3-32　CeO_2 掺杂改性纳米 WC-10Co4Cr 涂层磨蚀后表面 SEM 形貌

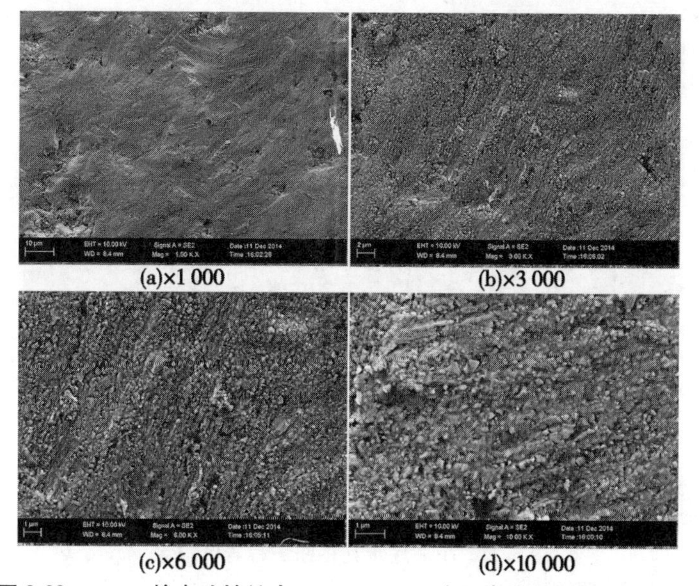

图 3-33　La_2O_3 掺杂改性纳米 WC-10Co4Cr 涂层磨蚀后表面 SEM 形貌

3.6　氧-煤油超音速火焰喷涂制备抗磨蚀涂层应用研究

3.6.1　黄河小浪底水利枢纽工程应用

小浪底水利枢纽位于黄河干流最后一个峡谷的出口处，上距三门峡水利枢纽 130 km，下距郑州花园口 128 km。小浪底水利枢纽电站为引水式电站，地下式厂房布置。安装 6 台立式混流水轮发电机组，设计水头 112 m，最大工作水头 138.92 m，最小工作水头 65.79 m，单机容量为 300 MW，电站总装机容量 1 800 MW。水轮发电机组的发电机其中 3 台由哈尔滨电机厂制造，另 3 台由东方电机厂制造。水轮机为美国 VOITH 公司生产。于 2016 年至 2018 年 3 个自然年度对小浪底水利枢纽 1 号、3 号、5 号水轮发电机组活动导叶实施碳化钨喷涂和气蚀修复。

利用本研究开发的水轮机表面稀土改性纳米复合抗磨蚀涂层材料配方及工艺，对小浪底 1 号、3 号、5 号水轮机发电机组的导叶进行碳化钨喷涂和气蚀修复（见图 3-34），在实际使用过程中该技术使得水轮机导叶抗磨蚀性能大幅度提高，使用寿命与原来相比大幅度提高，获得了显著的经济效益，节约了大量的成本。

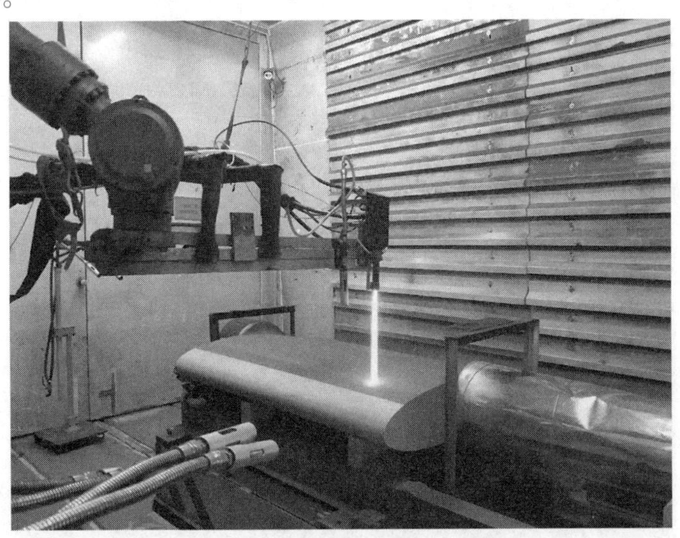

图 3-34　小浪底水利枢纽工程导叶喷涂

小浪底水利枢纽工程导叶喷涂的关键技术如下：

(1)去涂层技术。小浪底水利枢纽工程导叶在修复前，中间涂覆环氧树脂，四周喷涂了碳化钨涂层，出现脱落。本项目需要先去除中间环氧树脂防护层和四周的碳化钨涂层，其中如何去除已有的碳化钨涂层是本项目的第一项关键技术。通过技术人员的不断探索研究，形成了一套完整有效的硬质涂层去除技术。

(2)编程技术。喷涂轨迹的设计及程序的稳定性决定了涂层的均匀度和质量，也决定了喷涂效率、喷涂成本。不合理的喷涂程序设计，如曲面过渡时速度不一致会导致涂层厚度不均；过多的火焰外移（保证涂层均匀一致时，火焰超出工件外）会导致粉末、气体、燃料（煤油）等的浪费，还会导致喷涂时间的加长而降低效率。因此，如何尽量保证喷枪与表面垂直的同时，在曲面过渡区域保证速度的均匀性、一致性，喷涂轨迹合理保证高效率，是编程技术人员要考虑的重要内容。

(3)喷涂技术。喷涂质量和喷涂效率是两个矛盾体，过高地提高喷涂效率必然导致喷涂质量的下降，过高地要求喷涂质量也必然导致喷涂效率的下降。如何获得高效喷涂效率的同时获得较高的涂层质量，是工程技术人员实际工程中要考虑的问题。喷涂时，每一道喷涂形成的涂层厚度是影响喷涂效率和涂层质量的最关键因素。工程技术人员在将实验室成果转化到实际应用时发现，喷涂 WC 涂层每道涂层厚度在 10~13 μm 时的涂层质量是最好的。

小浪底 1 号、3 号、5 号水轮机发电机组的导叶自 2016 年运行至今，涂层未有明显脱落，起到了良好的防护效果，减少了小修和大修的周期。

3.6.2　万家寨龙口水利枢纽工程应用

黄河万家寨水利枢纽配套工程龙口水利枢纽位于黄河北干流托克托至龙口河段的尾部，是黄河治理开发规划中确定的梯级工程之一。该工程为Ⅱ等工程，龙口水利枢纽以发电为主，对万家寨电站进行反调节，同时具有滞洪削峰等综合作用。水库总库容 1.957 亿 m^3，正常蓄水位 898 m，汛期限制水位 891 m，调节库容 0.705 亿 m^3。大坝为混凝土重力坝，最高坝高 51 m，坝顶长 420 m。电站为河床式电站，总装机容量 400 MW，装 4 台轴流转桨式机组，单机容量 100 MW，多年平均发电量 12.76 亿 kW·h，为电网提供可靠的调峰容量和电量。电站水轮机为轴流转桨式结构，型号为 ZZ6K069A0-LH-710、混凝土蜗壳，转轮名义直径为 7.1 m。由通用电气水电设备（中国）有限公司（原天阿公司）设计、制造。转轮叶片数量 6 片，单个叶片重量 8.7 t。电站 4 号机经 10 年运行，水轮机转轮叶片存在较重气蚀，期间经过补焊修复处理，但未进行涂层喷涂防护。

于2019年对万家寨龙口水利枢纽工程4号机转轮叶片、活动导叶气蚀焊修及碳化钨抗磨涂层喷涂(见图3-35)。

图3-35　万家寨龙口水利枢纽工程叶片喷涂

万家寨龙口水利枢纽工程水轮机叶轮是轴流转桨式,在喷涂时可将叶片拆卸下来喷涂。万家寨龙口水利枢纽工程叶轮喷涂关键技术如下:

(1)大型曲面编程技术。万家寨龙口电站水轮机叶片尺寸远大于六轴机器人的臂展2.6 m,在实际工程应用中,是无法实现一次性喷涂的,需要分区域喷涂,此时会带来两个关键性难题:一是如何实现区域之间的搭接,二是如何保证喷枪焰流加减速时仍能保证涂层质量。以上两个难题主要表现为:在焰流减速转弯加速的区域容易出现堆积,此处的涂层厚度较厚。工程技术人员通过计算机仿真模拟技术和机器人离线编程技术,实现加减速转弯区域的圆滑过渡,降低了涂层的堆积现象。另外,配合喷枪移动距离阶梯收缩模型的建立,大大降低了涂层堆积,基本保证了涂层厚度和涂层质量的一致性。

(2)喷涂技术。氧-煤油超音速火焰喷涂技术喷涂WC涂层每道涂层厚度在10~13 μm时的涂层质量是最好的。但在涂层搭接区域,喷枪在加减速过程中,速度降低,此时如何保证每道涂层厚度仍在10~13 μm。工程技术人员通过建立数学模型和配合仿真模拟技术,开发了一套集成控制系统,将喷涂系统、机器人系统的关键参数集成在同一系统下,喷涂参数和机器人参数的最佳匹配实现喷涂智能化、系统化。

在实际使用过程中该技术使得水轮机导叶抗磨蚀性能大幅度提高,使用寿命与原来相比大幅度提高,获得了显著的经济效益,节约了大量的成本。

3.6.3　缅甸瑞丽江一级水电站工程应用

缅甸瑞丽江一级水电站是我国首个对外投资水电 BOT 项目,该项目以“BOT”(建设—经营—移交)方式运作,项目法人为中国云南联合电力开发有限公司与缅甸电力一部水电实施司组建的合资公司——瑞丽江一级电站有限公司。瑞丽江一级(Shweli)水电站位于缅甸北部掸邦境内紧邻中缅边境的瑞丽江干流上。项目概算总投资 32 亿元,其中中方总投资 29.6 亿元,单位电能投资为 0.8 元/kW · h,是罕见的标杆式高回报水电站。电站距离缅甸南坎、曼德勒的公路分别约为 63 km、539 km。电站至中国境内的瑞丽、昆明的公路里程分别为 94 km、893 km。工程采用引水式开发,机组为立轴混流式。电站装机容量 6×100 MW,总容量 60 万 kW,设计平均发电量为 40.33 亿 kW · h,年利用小时数为 6 722 h。

2019 年对瑞丽江一级水电站 2 台(套)转轮旧涂层去除及喷涂;2 台(套)顶盖、底环喷涂; 3 套活动导叶喷涂;2 套上、下固定止漏环进行喷涂(见图 3-36)。

本项目关键技术为狭小空间喷涂技术。由于缅甸瑞丽江一级水电站转轮为混流式,叶片之间焊接后的间距较小,如果采用喷枪与工件表面垂直的喷涂工艺,便存在无法喷涂的位置。但如果变换角度是可以实现喷涂的。因此,在狭小空间下的喷枪与工件的不同角度对涂层质量的影响是本项目的关键技术。研究人员通过研究发现,当喷枪与工件夹角在 60°~90°时仍能保持较高的结合强度,但随着角度的减小,上粉率逐渐减小,会降低喷涂效率,增加喷涂成本。

2019 年利用本研究开发的水轮机表面稀土改性纳米复合抗磨蚀涂层材料配方及工艺,为瑞丽江一级水电站提供喷涂服务。自运行至今,涂层未有明显脱落,起到了良好的防护效果。

3.6.4　渭南东雷抽黄泵站应用

渭南东雷抽黄续建工程是以黄河为水源兴建的大(2)型抽水灌溉工程。灌区涉及渭南市的大荔、蒲城、富平、临渭四县(区),工程于 1990 年 7 月开工建设,1997 年 6 月 30 日试通水,1998 年 11 月灌溉试运行,2009 年竣工验收。现建成泵站 38 座,安装水泵机组 172 台(套),干渠 9 条长 128.94 km,支渠 59 条长 379.98 km,灌区完成配套面积 69 万亩(1 亩 = 1/15 hm^2,余同)。截至 2017 年 6 月底,二黄灌区累计渠首引水 33 亿 m^3,斗口用水量 17 亿 m^3,灌溉农田 2 550 万亩次以上。灌区粮食年亩产稳定在 1 000 kg 以上,复种指数达到 150%~180%。受益区累计增加社会效益约百亿元以上,经济效益十分显著。由于黄河泥沙含量大,呈菱角形颗粒且硬度高,导致东雷泵站水泵过流部

(a)

(b)

图 3-36　缅甸瑞丽江一级水电站转轮等部件喷涂

件磨蚀严重,水泵运行 500 h 后出水量锐减,效率降低,有些水泵运行 500～1 000 h(一个灌季),叶轮、扣环、水封装置就报废。

本项目关键技术如下:

(1)高泥沙磨蚀防护技术。针对泵站所处的黄河泥沙含量大、硬度高、水头高、水质环境复杂,以及面临的严重的泥沙磨蚀侵害,提出了对涂层的泥沙磨损防护性能的极高要求。如何开发出针对高泥沙环境的水泵磨蚀、磨损粉末、涂层工艺及现场施工工艺是本项目的关键技术。通过研发人员的前期研究,结合该泵站的实际运行工况,开发出了超高音速喷涂制备纳米碳化钨涂层。

(2)智能轨迹规划技术。由于水泵叶片为复杂的曲面,且各处尺寸不一,如何规划合理的喷涂轨迹是本项目的第二项关键技术。喷涂轨迹一般采用人工示教编程的方法,该方法多依赖于工程技术人员的经验,并存在编程时间长、人为操作误差大等缺点。研发人员和现场施工人员通过仿真技术和离线编程技术,可根据叶片的形状,规划设计出最佳的喷涂轨迹,不仅保证了喷涂效率也保证了喷涂质量。

(3)高均匀性自动喷砂技术。喷砂是喷涂前处理的关键步骤,基体表面喷砂主要用于提高粉末扁平化后的嵌入效果,进而提高涂层的结合强度。影响喷砂质量的因素主要包括喷砂的均匀性、粗糙度。影响喷砂效率的因素主要是喷砂速度。一般喷砂多采用人工喷砂,由于人工操作很难保证喷砂的均匀性和粗糙度,且人工无法长时间操作,无法保证喷涂效率,因此开发出高均匀性自动喷砂技术是本项目的第三项关键技术。工程技术人员根据现场工件特征,结合智能轨迹规划技术,开发出了高均匀性自动喷砂技术,并成功应用。利用该技术喷砂的均匀性,质量、效率均大大提高。

利用以上关键技术,2019 年为渭南东雷抽黄泵站水泵提供喷涂服务(见图 3-37)。自运行至今,涂层未有明显脱落,起到了良好的防护效果,为抽黄灌溉工程提供了技术支持。

图 3-37　渭南东雷抽黄泵站水泵喷涂

3.7 小　结

本研究利用 CeO_2 和 La_2O_3 对纳米 WC-10Co4Cr 粉末进行稀土掺杂改性，并开展氧-煤油超音速火焰喷涂正交工艺试验研究，研制出具有制备工艺稳定、耐磨蚀性能优良的稀土掺杂改性纳米金属陶瓷材料及涂层。研究测试了所制抗磨蚀涂层的显微硬度、孔隙率、结合强度及抗磨蚀等性能。通过场发射扫描电子显微镜(FESEM)观察涂层微观组织形貌及磨蚀形貌，探讨了稀土改性复合涂层的作用机制及磨蚀机制，并在小浪底水利枢纽工程、新疆卡拉贝利水利枢纽工程、万家寨龙口电站工程、缅甸瑞丽江一级水电站工程、渭南东雷抽黄泵站工程中成功应用。

利用氧-煤油超音速火焰喷涂系统制备的稀土掺杂改性纳米金属陶瓷涂层具有以下优点：

(1)研究实现了稀土改性纳米 WC-10Co4Cr 涂层的黏结强度≥125 MPa；涂层的平均显微硬度≥1 350 $HV_{0.2}$；涂层的平均孔隙率<0.5%；涂层的耐摩擦磨损性能达不锈钢基体的 120 倍以上(最高可达 146.83 倍)；涂层的抗磨蚀性达不锈钢基体的 20 倍以上(最高可达约 23 倍)。

(2)通过掺杂适量的 CeO_2 和 La_2O_3 稀土粉末后，有利于提高纳米 WC-10Co4Cr 涂层的结合强度、抗磨蚀性能等。分别掺杂 1.0%的 CeO_2 和 1.0%的 La_2O_3，有助于提高纳米 WC-10Co4Cr 涂层的抗磨蚀性能。

(3)稀土改性涂层的磨蚀机制主要为：沙粒首先对 Co、Cr 黏结相造成严重的犁削作用，导致 WC 颗粒裸露在涂层表面，在受到沙粒的不断切削和撞击作用下发生脱落。随着黏结相的切削和 WC 颗粒的不断脱落，造成涂层的磨损。稀土的掺杂有效地提高了喷涂粉末粒子分布的均匀性，改善了涂层的致密度，提高了涂层在耐磨和抗磨蚀等方面的性能。

(4)研究开发的水轮机表面稀土改性纳米复合抗磨蚀涂层材料配方及工艺成功实现在水轮机发电机组的导叶及水泵上的抗磨蚀强化，提高了基体材料的抗磨蚀性能。

第4章　大气超音速火焰喷涂技术及应用

4.1　引　言

4.1.1　技术原理与特点

HVAF火焰喷涂技术又叫作高速空气助燃火焰喷涂技术(High Velocity Air-fuel Spray),是20世纪90年代在高速氧气助燃火焰喷涂技术(High Velocity Oxygen-fuel Spray)的基础上发展而来的。它的原理与高速氧气助燃火焰喷涂技术的原理相似,只是将空气代替氧气作为助燃介质,燃料一般常采用丙烷和丙烯,将空气和燃气的均匀混合气体通入燃烧室,通过火花塞点火燃烧,燃烧的膨胀气体经过拉瓦尔喷嘴的作用,形成超音速的高温焰流喷射而出,喷涂材料粒子经由惰性气体(如氮气、氩气等)为载体送入高温焰流中,经高温和高速的作用,转化成超高速的熔融或者半熔融粒子状态,喷射在基体表面,形成涂层,原理如图4-1所示。大气超音速火焰喷涂技术用压缩空气代替氧气作为助燃介质大大降低了焰流的温度,其温度为1 500~2 000 ℃,与高速氧气助燃火焰喷涂技术相比,降低了粒子材料的分解和氧化,如大大抑制WC粒子脱碳的情况,避免了脆性相W_2C的形成,对喷涂的WC涂层有氧化物含量降低、孔隙率降低、韧性增强等作用,并且采用空气冷却和助燃,省去了喷枪的水冷回路结构和水冷设备,省去了氧气的消耗,可以大大降低生产成本。但是与高速氧气助燃火焰喷涂技术相比,高速空气助燃火焰喷涂技术的喷涂颗粒速度更低,导致其在喷涂某些材料时,涂层性能比不上HVOF技术制备的涂层。

因此,为了消除高速空气助燃火焰喷涂技术的劣势,进一步提高喷涂涂层的性能,美国的Baranovski V率先通过优化HVAF技术的系统,成功研制出一种名为活性燃烧高速空气助燃火焰喷涂(AC-HVAF)的技术。活性燃烧是指一种催化燃烧,通过特殊的催化介质影响,使得燃烧的分子被激活,可达到在较低温度下还能充分燃烧的效果,且燃烧容易维持,气压对燃烧的影响不大。实际应用中,一般采用高温触媒的陶瓷片安置在燃烧室的后端来催化燃烧,同

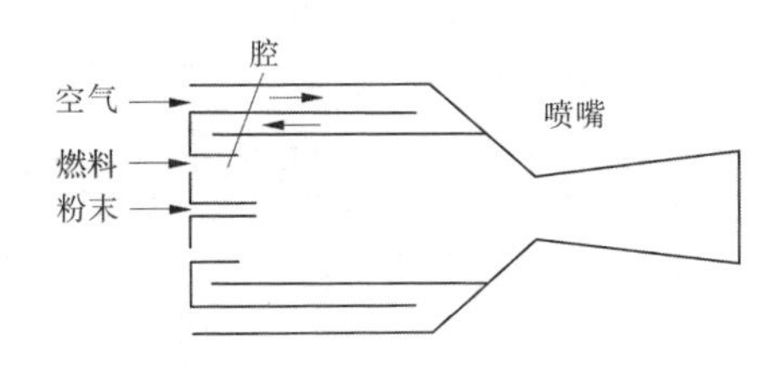

图 4-1　HVAF 技术原理图

时燃气和空气的混合气体通过均匀多孔结构的陶瓷片均匀地进入燃烧室,最终在较短燃烧室内实现稳定燃烧的效果,图 4-2 就是一种 AC-HVAF 喷枪的结构。该结构相对于普通的 HVAF 喷枪最大的改善是能极大提高粒子速度,使其能赶上甚至超过主流的 HVOF 喷枪的粒子速度,并且还能保留低焰流温度的特性。另外在实际生产中,因该技术高沉积效率的特点,使其喷涂效率是 HVOF 技术喷涂效率的 5~10 倍,生产效率大大提高。通过 AC-HVAF 技术喷涂的涂层主要有以下几个特点:

(1)与基体的结合强度提升明显;

(2)涂层氧化物含量低;

(3)涂层致密,耐磨耐蚀性能高;

(4)涂层残余应力低,涂层厚度上限高;

(5)抗疲劳特性高。

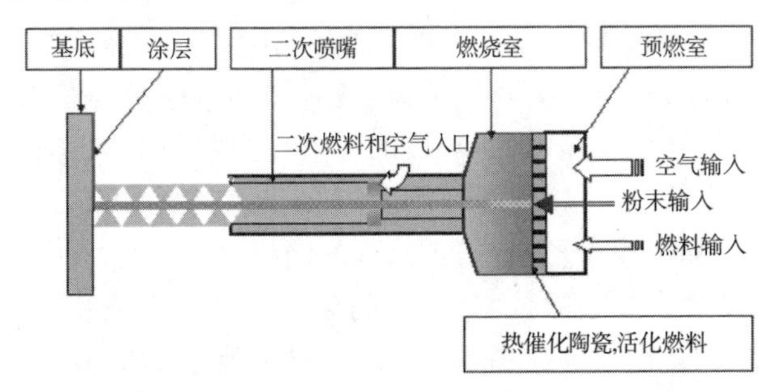

图 4-2　AC-HVAF 喷枪结构

目前,HVAF 技术应用于众多领域,并且因为其更低的成本、更高的效率特点,在很多场合有逐渐替代 HVOF 的趋势。例如:HVAF 技术制备的 WC 系列多功能涂层在飞机发动机叶片、水轮机、汽轮机、拉丝塔轮、泵壳等服役环境苛刻的零件上有很广泛的应用。

4.1.2　研究现状

在水利工程、海洋开发、石油化工、航空航天等领域，因为机械装备服役的环境异常恶劣，会承受磨损、腐蚀、气蚀、冲蚀等一系列多重伤害，每年因维修和更新装备所耗费的经济和时间成本数以亿计，同时造成的环境污染伤害更是不可估量。因磨损、腐蚀等伤害一般都作用在零件的表面，所以提升零件表面的耐磨、耐蚀等性能成为解决零件服役寿命短、维护成本高、环境污染等问题行之有效的方法。

超高速热喷涂 WC 复合涂层是目前工业上常用的提升表面耐磨、耐蚀性能的表面技术之一。相比于等离子热喷涂和超高速氧燃料火焰喷涂，超高速空气燃料火焰喷涂具有更低的焰流温度，WC 因高温氧化和脱碳的程度会更低，因为 WC 复合涂层因高温氧化和高温脱碳分解出 W_2C 和 W，导致脆性 η 相生成，从而影响涂层的性能，另外 HVAF 喷涂成本更低，效率更高。伏利等研究对比了 HVOF 与 HVAF 喷涂 WC-10Co4Cr 涂层的物相组成和微观组织结构，测试了两者的抗磨蚀性能，结果表明，HVAF 喷涂涂层 W_2C 衍射峰较弱，韧性和强度更大，抗冲磨蚀性能更优异。Liu Y 等研究了 HVOF 和 HVAF 喷涂 WC-10Co4Cr 涂层的磨损和腐蚀性能的差异，结果表明，两种涂层都有均匀致密的结构，但是由于 HVAF 过程较低的焰流温度和较快的粒子速度，HVAF 喷涂涂层有更少的脱碳，较低的孔隙率(0.74%)，较高的显微硬度(1 162 $HV_{0.3}$)，更优异的滑动耐磨性能和电化学腐蚀性能。因此，利用 HVAF 技术低焰流温度的特点来喷涂 WC 系列涂层，获得更低氧化和脱碳程度的 WC 涂层，并对该涂层的微观结构与耐磨、耐蚀性能的研究已有报道。另外，稀土元素因为独有的电子结构和化学性质，通常作为热喷涂涂层的改良剂，在改善涂层的微观组织结构和性能，提高涂层的耐磨性、耐蚀性等方面具有显著的作用，目前已经取得一定的研究成果和经济效益。赵坚等通过 HVOF 技术在 06Cr13Ni4Mo 基体上喷涂纳米 Ce 改性 WC 陶瓷涂层，研究了纳米 Ce 对 WC 陶瓷涂层的微观结构和抗磨损性能的影响，结果表明，涂层的晶粒明显细化，显微硬度、结合强度、抗磨损性能明显提升，抗摩擦磨损性能提升 1.23 倍，抗泥沙磨蚀性能提升 7.46 倍。路阳采用超音速等离子喷涂制备 Ce 改性 Cu14AlX 涂层，研究涂层的组织和摩擦性能影响，结果表明，Ce 的加入可以细化 Cu14AlX 喷涂涂层组织，使得 Fe 元素和 K 相增多且分布更加均匀，提高了喷涂涂层的耐磨性，并且磨损机制从粘着磨损转变成磨粒磨损。Matsumoto M 等研究了等离子喷涂 $ZrO_2-Y_2O_3-La_2O_3$ 涂层的热导率和相稳定性，结果表明，La_2O_3 作为稳定剂对涂层的高温相稳定和低热导率改善效果显著，并且涂层致密性得到进一步提升。综上所述，学者们利用 HVAF 技术更低的焰流温度和更快的粒子速度特点，得到具有更低氧化和脱碳程度、更高致密和韧性的 WC 涂层；利用 Co 基、Ni 基等自熔性合金和稀土改良剂对 WC 涂层有净化组织、晶粒细化、固溶强化等作用的特点，得到组织均匀、孔隙率更低、硬度更高、强度和韧性更高的 WC 系涂层。

为了更全面、更深入地了解 HVAF 喷涂 WC 系列粉末的工艺对涂层性能的影响，本节采用目前市场上应用最广的稀土改性钴基碳化钨粉末。同时在喷涂过程中引入氢气这一参数，氢气可以提升系统的热焓值，让喷涂过程中粉末的熔融状态更佳，对粉末的沉积效率和涂层质量有重要的影响。涂层的性能主要研究涂层的耐摩擦磨损性能和耐砂粒磨蚀性能，该性能对在高含砂量水域中应用的核心水利机械（如水轮机、水泵、导叶等）具有很重要的意义。

4.2 研究材料与方法

4.2.1 研究材料

涂层粉末采用改良的纳米稀土改性 WC-10Co4Cr 粉末 S4020，其具体检测参数如表 4-1 所示。基体材料采用水利机械常应用的不锈钢型号为 $ZG00Cr_{13}Ni_5Mo$。

表 4-1 粉末质量参数

项目	检测结果
W(%)	余量
Co(%)	10
Cr(%)	4
Re(%)	0.1
C(%)	5.36
Fe(%)	0.047
流动性(S/50 g)	11
松装密度(g/cm^3)	5.61
振实密度(g/cm^3)	6.58
激光粒度分布(μm)	D10:13.97;D20:21.03;D90:31.29

4.2.2 研究方法

空气超音速火焰喷涂采用美国 Kermetico 公司生产的 AcuKote HVAF 设备,使用喷枪型号为 AK06,燃料气体为丙烷,喷涂前使用 24 目的白刚玉对基体试样表面进行喷砂粗化处理,处理过的基体表面粗糙度 *Ra* 大于 7 μm,具体喷涂工艺参数见表 4-2、表 4-3。

表 4-2　大气超音速火焰喷涂(HVAF)工艺参数-常量

空气压力(psi)	氮气流量(slpm)	喷涂速度(mm/s)	步进(mm)
90	23	600	3

表 4-3　大气超音速火焰喷涂(HVAF)工艺参数-变量

试验序号	丙烷压力(psi)	喷涂距离(mm)	送粉率(rpm)	氢气比例(%)
1	81	180	3 (54 g/min)	25
2	81	200	4 (74 g/min)	35
3	81	220	5 (92 g/min)	45
4	82	180	4 (74 g/min)	45
5	82	200	5 (92 g/min)	25
6	82	220	3 (54 g/min)	35
7	83	200	3 (54 g/min)	45
8	83	220	4 (74 g/min)	25
9	83	180	5 (92 g/min)	35

显微硬度计采用型号为 HXD-1000TMC/LCD 的金刚石维氏硬度计,试验力为 1.961 N,保荷时间 10 s,通过读数显微镜测量出压痕尺寸,从而得到涂层硬度数值,在涂层截面方向依次测量 5 次,取平均值。孔隙率测量采用型号 KMM-500E 金相显微镜来测量,在涂层截面上选择 10 块区域测量,取平均值。摩擦磨损试验在兰州中科凯华科技开发有限公司生产的 HT-1000 摩擦磨损机上进行,载荷 1 kg,试验时间 4 h,电机频率 20 Hz,摩擦半径 6 mm,通过涂层磨损量和表面形貌来判断涂层的耐磨性能。用 SQC-200 三相流冲蚀试验系统对涂层的抗磨蚀性能进行检测,主轴转速为 1 200 r/min,浆料中石英砂含量为 40%(质量分数),试验时间为 8 h。试样尺寸为 19 mm×19 mm,将试

样固定在夹具上,在夹具围绕主轴高速旋转的过程中,试样表面与浆料相互作用,来模拟水利机械表面在高含砂量水流中的磨蚀状况,磨蚀时间共8 h,采用高精度称重天平测量试样冲蚀前后的质量,并计算涂层质量的相对磨蚀率(涂层的质量损失与基体质量的比值)。

涂层表面形貌采用型号SUPRATM55蔡司扫描电子显微镜(SEM)进行拍摄和分析。使用X' Pert PRO型射线衍射仪(XRD)对粉末和涂层的物相结构进行分析。

4.3 研究结果与分析

4.3.1 涂层XRD结果与分析

如图4-3所示,经过XRD的测试分析,涂层的主要成分为WC,以及少量的CrCo化合物,未明显发现W_2C相,说明涂层基本没发生氧化脱碳现象。说明HVAF火焰喷涂技术能够有效抑制涂层脆性相W_2C生成,有效保持WC涂层的性能。

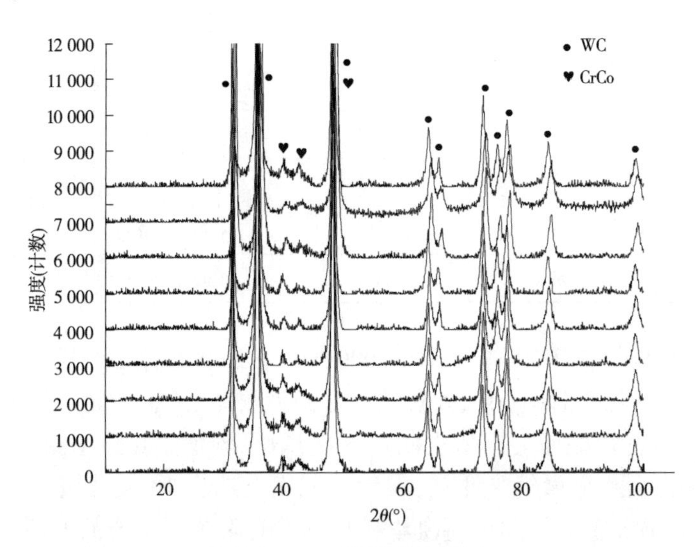

图4-3 XRD涂层成分分析

4.3.2 涂层显微硬度结果与分析

不同工艺参数下HVAF喷涂WC-10Co4Cr粉末制备的涂层显微硬度如

图 4-4 所示,从图 4-4 中可知涂层的显微硬度在深度方向上是不同的,并且从基体到涂层表面的方向上,显微硬度呈现先增大后减小的趋势,即涂层深度方向上中段位置的显微硬度较大,并且有一个最大值。9 个样品涂层显微硬度都在 1 100~1 600 $HV_{0.2}$,但是不同工艺参数下,涂层显微硬度整体水平有差异。其中,9#涂层的平均显微硬度最高,并且最大显微硬度可达 1 600 $HV_{0.2}$ 左右,深度方向上 9#涂层显微硬度变化较小。2#涂层最高显微硬度也达到 1 600 $HV_{0.2}$ 左右,但是 2#涂层显微硬度在深度方向的不同位置变化较大,涂层靠近表面的显微硬度是所有样品涂层显微硬度的最小值,在 1 100 $HV_{0.2}$ 以下。对比 2#涂层和 9#涂层的工艺参数可知,氢气流量是相同的,流量计示数是 35%,再对比氢气流量(流量计示数 35%)相同的 6#涂层,最高显微硬度在 1 500 $HV_{0.2}$ 左右,仅次于 2#涂层和 9#涂层最高显微硬度。另外氢气流量相同的 1#、5#和 8#涂层与 3#、4#和 7#涂层最高显微硬度相近,可知氢气流量对涂层的最大显微硬度影响较为明显。同时对本试验采用的设备和粉末而言,氢气流量计示数为 35%左右时可得到较高的显微硬度。

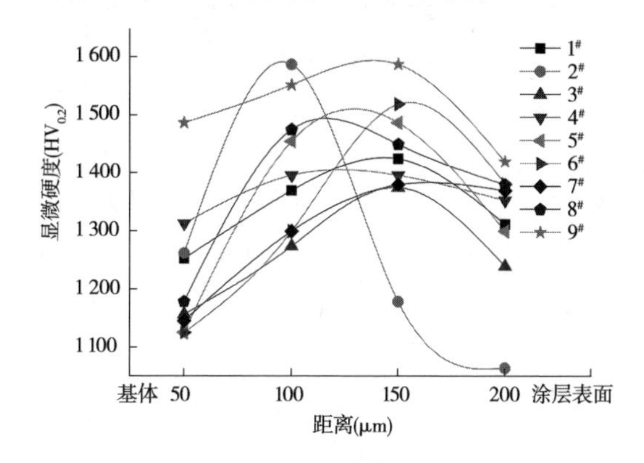

图 4-4　距基体不同距离涂层的显微硬度

另外从图 4-4 可知,1#、4#和 9#涂层显微硬度分布较均匀,即最高显微硬度与最低显微硬度的差值较小,通过对比发现它们的火焰喷涂距离都是 180 mm。再通过对比喷涂距离相同的 2#、5#、7#与 3#、6#、8#涂层的显微硬度分布,发现它们的显微硬度分布都不均匀,最低显微硬度与最高显微硬度相差较大,因此喷涂距离对涂层显微硬度分布的均匀性影响较大。同时对于本试验采用的设备和粉末而言,180 mm 左右的喷涂距离可得到组织结构更均匀的涂层。暂没发现丙烷压力和送粉率对涂层显微硬度影响的明显规律,可能是因为试验采取的参数变化不足以明显影响到涂层的显微硬度。

显微硬度测试结果正交分析如表4-4所示,从该表中可以看出,丙烷压力及喷涂距离的极差较大,说明丙烷压力及喷涂距离对涂层显微硬度的影响最大,送粉率对涂层显微硬度的影响最小。从表4-4中还可以得出,最佳的工艺参数为:丙烷压力83 psi、喷涂距离180 mm、送粉率5 rpm、氢气比例35%。

表4-4 涂层显微硬度正交分析表

因素	丙烷压力(psi)	喷涂距离(mm)	送粉率(rpm)	氢气比例(%)	显微硬度($HV_{0.2}$)
试验1	81	180	3 (54 g/min)	25	1 340
试验2	81	200	4 (74 g/min)	35	1 273
试验3	81	220	5 (92 g/min)	45	1 261.5
试验4	82	180	4 (74 g/min)	45	1 364.5
试验5	82	200	5 (92 g/min)	25	1 341.8
试验6	82	220	3 (54 g/min)	35	1 331.3
试验7	83	200	3 (54 g/min)	45	1 511.5
试验8	83	220	4 (74 g/min)	25	1 299
试验9	83	180	5 (92 g/min)	35	1 371
均值1	1 291.500	1 405.333	1 323.433	1 350.933	—
均值2	1 345.867	1 304.600	1 336.167	1 371.933	—
均值3	1 393.833	1 321.267	1 371.600	1 308.333	—
极差	102.333	100.733	48.167	63.600	—

4.3.3 涂层孔隙率结果与分析

不同工艺参数的涂层孔隙率如图4-5所示,由图可知,3#、4#、7#、8#和9#涂层孔隙率都在1%以下,孔隙率较低,符合应用需求。3#、4#、7#的氢气参数较高,7#、8#和9#的丙烷参数较高,说明对于WC陶瓷这种熔点较高的涂层,提高火焰的热焓值可以改善粉末的熔融状态,提高涂层致密度,降低孔隙率。

孔隙率试验结果正交分析如下:从表4-5中可以看出,喷涂距离的极差最大,说明喷涂距离对孔隙率的影响最大,其次是丙烷压力及氢气比例,送粉率对涂层孔隙率的影响最小。从表4-5中还可以得出,最佳的工艺参数为:丙烷压力83 psi、喷涂距离180 mm、送粉率3 rpm、氢气比例45%。

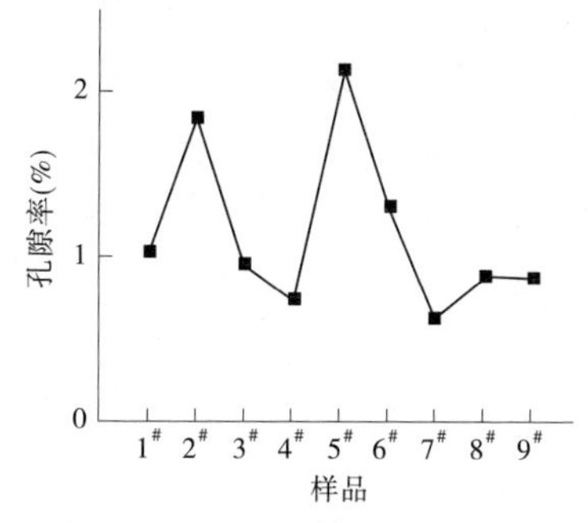

图 4-5　涂层孔隙率

表 4-5　涂层孔隙率正交分析表

因素	丙烷压力 (psi)	喷涂距离 (mm)	送粉率 (rpm)	氢气比例 (%)	孔隙率 (%)
试验 1	81	180	3 (54 g/min)	25	1.02
试验 2	81	200	4 (74 g/min)	35	1.84
试验 3	81	220	5 (92 g/min)	45	0.92
试验 4	82	180	4 (74 g/min)	45	0.73
试验 5	82	200	5 (92 g/min)	25	2.12
试验 6	82	220	3 (54 g/min)	35	1.29
试验 7	83	200	3 (54 g/min)	45	0.87
试验 8	83	220	4 (74 g/min)	25	0.63
试验 9	83	180	5 (92 g/min)	35	0.88
均值 1	1.260	0.873	0.980	1.340	—
均值 2	1.380	1.530	1.150	1.333	—
均值 3	0.793	1.030	1.303	0.760	—
极差	0.587	0.657	0.323	0.580	—

4.3.4　涂层抗摩擦磨损性能结果与分析

不同工艺参数涂层摩擦磨损量倍数如图 4-6 所示。从图 4-6 可知，7#、8#和 9#试样的涂层质量损失最小，对比三者工艺参数，发现丙烷压力都为 83

psi,并且从图 4-4 可知涂层表面显微硬度较高,从图 4-5 可知涂层孔隙率较低。因此,丙烷压力对涂层抗摩擦磨损性能影响较大,并且涂层表面的显微硬度越大,孔隙率越低,涂层的抗摩擦磨损性能越好。另外由图 4-4 可知,丙烷压力为 83 psi 时,涂层离基体 200 μm 处的显微硬度较高;丙烷压力为 81 psi 和 82 psi 时,涂层离基体 200 μm 处的显微硬度较低,因此丙烷压力对涂层表层面的显微硬度影响较大,涂层表层显微硬度对涂层的抗磨性能影响较大。结合图 4-5 可知,7#、8# 和 9# 试样的孔隙率较低,涂层孔隙率对涂层的抗摩擦磨损性能影响明显。

不同涂层的摩擦因数如图 4-7 所示,由图 4-6 和图 4-7 可知,涂层的摩擦因数大小变化趋势与涂层摩擦磨损量的大小变化趋势近似,7#、8# 和 9# 试样的涂层摩擦因数较小,因此丙烷供给压力对涂层的摩擦因数影响较大,涂层孔隙率对涂层的摩擦因数影响较大。

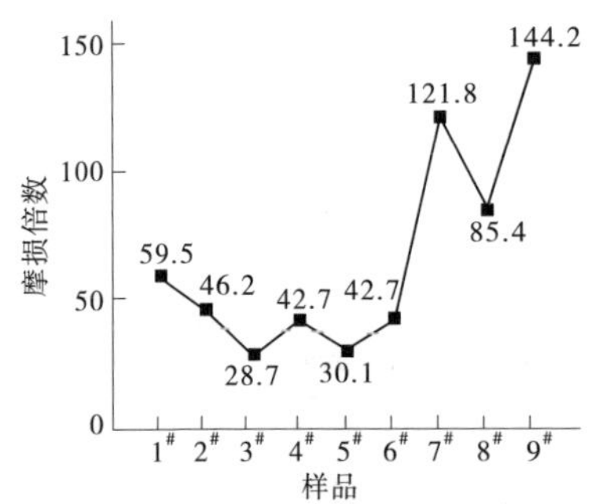

图 4-6　基体对涂层摩擦磨损量的倍数

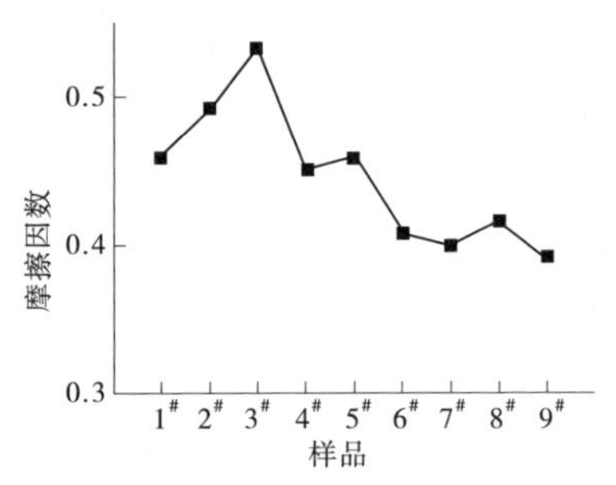

图 4-7　涂层摩擦因数

抗摩擦磨损测试结果正交分析如下:从表 4-6 中可以看出,丙烷压力极差较大,说明丙烷压力对涂层抗摩擦磨损性能结果的影响最大;从表 4-6 中还可以得出,最佳的工艺参数为:丙烷压力 83 psi、喷涂距离 180 mm、送粉率 3 rpm、氢气比例 35%。

如图 4-8 所示是涂层摩擦磨损形貌图,从图 4-8(a)、(b)中可知涂层表面有犁削作用产生的犁沟,有大范围颗粒剥落,剥落边缘出现裂纹,有表面微裂纹引起的点蚀,有粘连物并且有粘连拉力引起的涂层剥落,因此 3# 涂层主要是磨粒磨损、粘着磨损和表面疲劳磨损共同作用的结果。从图 4-8(c)、(d)中可知涂层表面有犁削作用产生的浅浅的犁沟,但未引起大范围的涂层剥落,且有微裂纹引起的小点蚀坑和剥落,粘着现象并不明显。所以,9# 涂层主要是磨粒磨损和表面疲劳磨损,但磨损剥落相较于 3# 涂层少很多,可以看出 9# 涂层的抗摩擦磨损性能比 3#涂层更加优异。

表 4-6　涂层抗摩擦磨损正交分析表

因素	丙烷压力 (psi)	喷涂距离 (mm)	送粉率 (rpm)	氢气比例 (%)	磨损倍数
试验 1	81	180	3 (54 g/min)	25	59.5
试验 2	81	200	4 (74 g/min)	35	46.2
试验 3	81	220	5 (92 g/min)	45	42.7
试验 4	82	180	4 (74 g/min)	45	43.9
试验 5	82	200	5 (92 g/min)	25	30.1
试验 6	82	220	3 (54 g/min)	35	42.7
试验 7	83	200	3 (54 g/min)	45	144.2
试验 8	83	220	4 (74 g/min)	25	121.8
试验 9	83	180	5 (92 g/min)	35	85.4
均值 1	49.467	82.533	74.667	58.333	—
均值 2	39.900	66.033	58.500	77.700	—
均值 3	117.133	56.933	72.333	69.467	—
极差	78.233	25.600	16.167	19.367	—

4.3.5　涂层抗磨蚀性能结果与分析

不同工艺参数制备的涂层和不锈钢基体 ZG00Cr13Ni5Mo 磨蚀质量损失如图 4-9 所示，从图 4-9 可知，9 个样品涂层的磨蚀质量损失都远远低于基体磨蚀质量损失。因为冲蚀设备限制，只能同时进行 6 个试样的抗磨蚀试验，所以为了试验结果的准备性，1#～5#涂层与 base1 基体为同一批次，6#～9#涂层与 base2 为同一批次。为了便于比较，计算同一批次基体磨蚀质量损失与涂层的磨蚀质量损失倍数，结果如图 4-10 所示，从图 4-10 可知，所有试验涂层的抗磨蚀性能都在基体的 7 倍以上。其中，3#、4#、7#、8#和 9#试样的抗磨蚀性能是基体的 10 倍以上，通过比较 3#、4#和 7#试样涂层可知相同的工艺参数为氢气比例（流量计示数为 45%），通过 7#、8#和 9#试样涂层可知相同的工艺参数为丙烷压力（83 psi），因此工艺参数氢气比例和丙烷压力对涂层抗磨蚀性能影响较大。另外，4#试样涂层的硬度不是最高，孔隙率不是最低，抗摩擦磨损性能

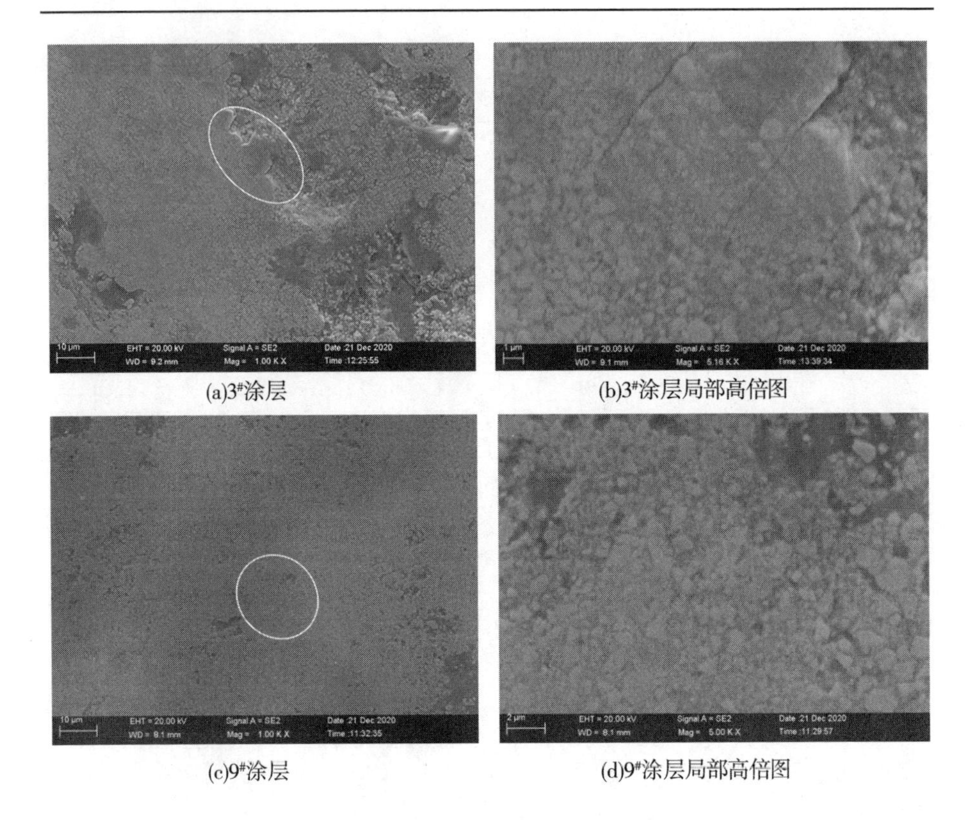

(a)3#涂层　(b)3#涂层局部高倍图

(c)9#涂层　(d)9#涂层局部高倍图

图 4-8　涂层摩擦磨损形貌图

不是最好，但是 4#涂层的抗磨蚀性能最好。通过图 4-4 涂层的显微硬度分布可知，4#涂层的显微硬度变化最小，分布最均匀，所以涂层硬度分布均匀与涂层的抗磨蚀性能有很大的联系。

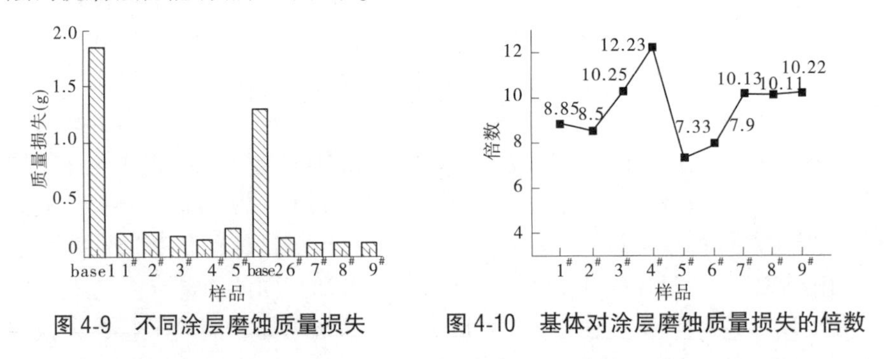

图 4-9　不同涂层磨蚀质量损失　　图 4-10　基体对涂层磨蚀质量损失的倍数

抗磨蚀性能测试结果正交分析如下：从表 4-7 中可以看出，氢气比例极差较大,说明氢气比例对涂层抗磨蚀性能的影响最大。从表 4-7 中还可以得出,最佳的工艺参数为:丙烷压力 83 psi、喷涂距离 180 mm、送粉率 4 rpm、氢气比例 45%。

表 4-7　涂层抗磨蚀性能正交分析表

因素	丙烷压力 (psi)	喷涂距离 (mm)	送粉率 (rpm)	氢气比例 (%)	磨蚀倍数
试验 1	81	180	3 (54 g/min)	25	8.85
试验 2	81	200	4 (74 g/min)	35	8.5
试验 3	81	220	5 (92 g/min)	45	10.25
试验 4	82	180	4 (74 g/min)	45	12.23
试验 5	82	200	5 (92 g/min)	25	7.33
试验 6	82	220	3 (54 g/min)	35	7.9
试验 7	83	200	3 (54 g/min)	45	10.22
试验 8	83	220	4 (74 g/min)	25	10.13
试验 9	83	180	5 (92 g/min)	35	10.11
均值 1	9.200	10.433	8.960	8.763	—
均值 2	9.153	8.653	10.280	8.873	—
均值 3	10.153	9.420	9.267	10.870	—
极差	1.000	1.780	1.320	2.107	—

图 4-11 所示是涂层的磨蚀形貌以及涂层 EDS 测试图。从图 4-11 中可看出,图 4-11(a)所示 2#涂层表面有高速沙粒的微切削和犁削作用,首先使涂层的黏结相脱落产生有方向的犁沟(箭头方向),同时因黏结相的缺少使得 WC 颗粒的黏结效果减弱,裸露在表面的 WC 颗粒在沙粒的高速撞击下脱落,并形成磨蚀凹坑。涂层表面也有因为沙粒高速撞击使得涂层内部的疲劳残余应力不断增加和集中,最终使涂层薄弱区产生微裂纹,该微裂纹会慢慢发展变大,最终导致涂层脱落。4#涂层磨蚀形貌与 2#涂层磨蚀形貌和形成机制相似,但是 4#涂层表面形成的犁沟较浅,并且黏结相和 WC 硬质相结合得更均匀、更紧密,所以 4#涂层表面 WC 颗粒不易剥落,因剥落形成的凹坑更少。5#涂层磨蚀形貌与 2#和 4#涂层的磨蚀形貌相差很大,表面有沙粒高速撞击产生的凹坑,也有沙粒对表面挤压和切削使得表面形成的塑性形变和凹槽,凹槽边缘有

唇边。很明显，$5^{\#}$样品表面的硬度比 $2^{\#}$和 $4^{\#}$样品表面会低很多，延展性比 $2^{\#}$和 $4^{\#}$高很多。通过对 $5^{\#}$样品表面的 EDS 测试结果可知，$5^{\#}$样品表面完全是不锈钢基体，涂层已经被全部冲蚀磨损掉了，证明了 $5^{\#}$样品表面磨蚀形貌巨大的差异性。

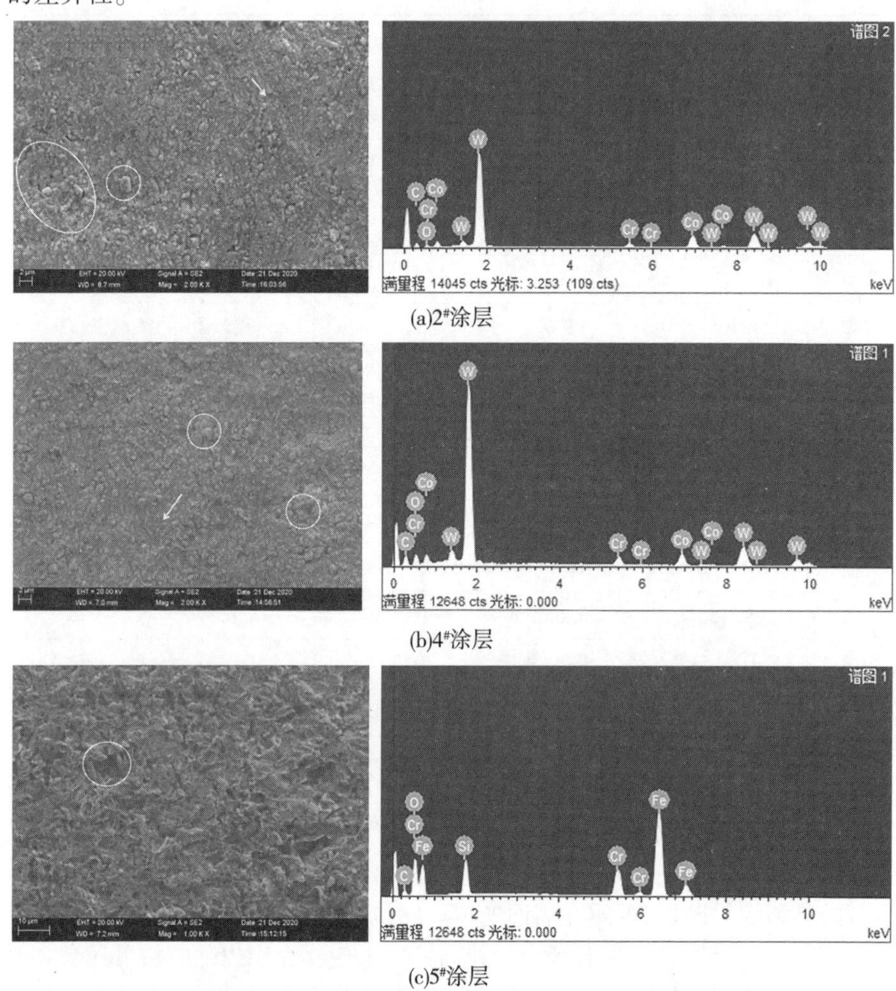

(a)$2^{\#}$涂层

(b)$4^{\#}$涂层

(c)$5^{\#}$涂层

图 4-11　涂层的磨蚀形貌和 EDS 测试图

4.3.6　粉末沉积效率结果与分析

不同工艺参数的粉末沉积效率如图 4-12 所示。从图 4-12 可知，$1^{\#}$和 $5^{\#}$涂层的沉积效率较高，其中 $1^{\#}$的沉积效率提高到 48.6%，较该设备以前的情况以及氧-煤油设备的沉积效率有了大幅度提高。

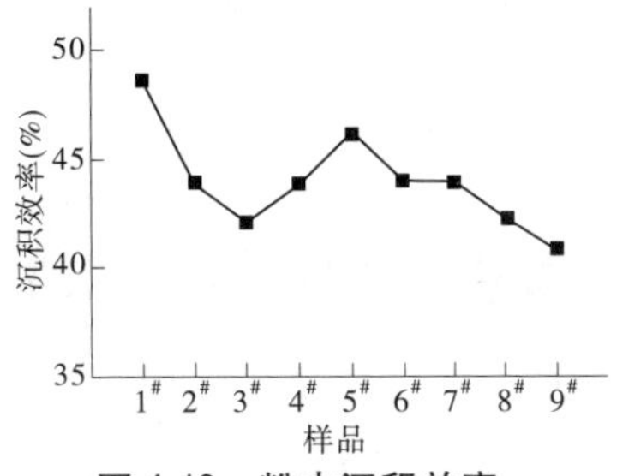

图 4-12　粉末沉积效率

沉积效率试验结果正交分析如下：从表 4-8 中可以看出，氢气比例的极差最大，说明氢气添加比例对沉积效率的影响最大，其次是丙烷压力。从表 4-8 中还可以得出，最佳的工艺参数为：丙烷压力 81 psi、喷涂距离 200 mm、送粉率 3 rpm、氢气比例 25%。

表 4-8　粉末沉积效率正交分析表

因素	丙烷压力 (psi)	喷涂距离 (mm)	送粉率 (rpm)	氢气比例 (%)	沉积效率 (%)
试验 1	81	180	3　(54 g/min)	25	48.6
试验 2	81	200	4　(74 g/min)	35	43.9
试验 3	81	220	5　(92 g/min)	45	42.1
试验 4	82	180	4　(74 g/min)	45	43.9
试验 5	82	200	5　(92 g/min)	25	46.2
试验 6	82	220	3　(54 g/min)	35	44
试验 7	83	200	3　(54 g/min)	45	40.8
试验 8	83	220	4　(74 g/min)	25	44
试验 9	83	180	5　(92 g/min)	35	42.2
均值 1	44.867	44.433	45.533	45.667	—
均值 2	44.700	44.700	43.333	42.900	—
均值 3	42.333	42.767	43.033	43.333	—
极差	2.534	1.933	2.500	2.767	—

结合以上对涂层的性能分析发现，粉末沉积效率高的样品，涂层的性能都较差，例如 1# 和 5# 样品，粉末沉积效率在 45%以上，但是涂层的抗摩擦磨损性

能和抗磨蚀性能相较于其他样品都较差；而粉末沉积效率低的样品，如 9#样品，涂层的抗摩擦磨损性能和抗磨蚀性能较好。因此，如何平衡粉末使用成本和涂层性能是值得深究的问题，对于 HVAF 火焰喷涂技术的成果转化和应用推广非常重要。

4.4　大气超音速火焰喷涂技术在水力装备上的应用

瑞丽江一级水电站位于缅甸境内瑞丽江干流上，装机机组为立轴混流式水轮机机组。导叶、顶盖等部件采用大气超音速火焰喷涂 WC-CoCr 金属陶瓷涂层进行抗磨蚀强化，如图 4-13 和图 4-14 所示。

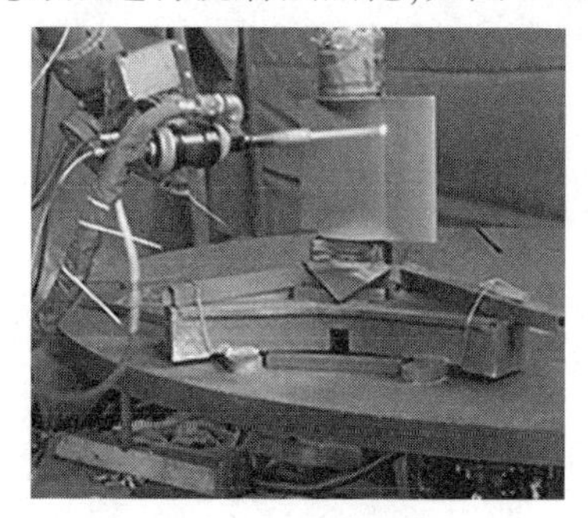

图 4-13　导叶喷涂

图 4-14　顶盖喷涂

项目工艺关键技术如下：

(1) 小面积异形编程技术。华能瑞丽江导叶尺寸较小，形状变形幅度大，并且是全包围喷涂。导叶侧面涉及很多角度偏差很大的面，约有 7 个面，导叶端面包括 4 种逻辑编程面，其中还包括轴颈这样易堆积的面，轴颈面还不是规则的圆环形，并且以上 11 种喷涂面面积都很小。顶盖的内侧面包括 3 个宽度很小但角度差别很大的连续面，并且还存在小于 90°的边角。如果每个面分别单独编程喷涂，会大大增加喷枪点火的次数和耗粉量，同时喷涂效率会很低，并且因为喷涂面不是一次成型，会出现喷涂面之间的搭接凹凸线，这显然与项目要求不符。工程技术人员通过计算机仿真模拟技术和机器人离线编程技术，实现异型面喷涂的圆滑过渡，大大优化了不同小面积喷涂面涂层搭接位置精度和涂层厚度的控制。另外，配合喷枪位置的阶梯后撤模型的建立，大大降低了边角面的涂层堆积问题，基本保证了涂层厚度和涂层质量的一致性。

(2)喷涂技术。大气超音速火焰喷涂技术(HVAF)喷涂 WC 涂层每一遍喷涂厚度控制在 10~20 μm,此时涂层质量较好。但在异型面喷涂转换过程中,喷枪姿态需要有一个转换时间,此时火焰实际移动速度比设定速度小,会导致此处的涂层厚度较厚,影响涂层质量。工程技术人员通过量化送粉率、喷涂步距及移动速度对每遍涂层厚度的影响规律,建立数学模型,同时配合仿真模拟编程技术。

(3)技术创新。开发了一套将 HVAF 设备系统、机器人系统的关键参数集成在同一系统下的集成控制系统,实现工艺参数的最佳匹配。在工程实际应用中,大大节约了项目的能源、材料和时间成本,同时导叶和顶盖的抗磨蚀性能显著提高,特别是异型面过渡薄弱处的抗磨蚀性能得到质的飞跃。

4.5　小　结

(1)本次试验项目采用大气超音速火焰喷涂设备、纳米 WC-10Co4Cr 粉末,在水轮机过流部件常用不锈钢 ZG00Cr13Ni5Mo 基体上制备抗磨蚀涂层,涂层的抗摩擦磨损性能高达基体的 140 倍以上;涂层的抗磨蚀性能达到基体的 12 倍以上。该涂层可以适用于水力机械过流部件表面,起到良好的抗磨蚀作用。

(2)涂层的最高显微硬度可达 1 600 $HV_{0.2}$ 左右,氢气流量对涂层的最高显微硬度影响最明显,氢气流量计示数 35%左右时可得到较高的显微硬度。

(3)喷涂距离对孔隙率结果的影响最大,其次是丙烷压力及氢气比例,送粉率对涂层孔隙率的影响最小,喷涂距离 180 mm、丙烷压力 83 psi、氢气比例 45%是火焰热焓值较高的状态,所以对 WC 陶瓷这种熔点较高的涂层,提高火焰的热焓值可以改善粉末的熔融状态,提高涂层致密度,降低孔隙率。

(4)丙烷压力对涂层抗摩擦磨损性能影响较大,对涂层表层面的显微硬度影响较大,并且涂层表层面的显微硬度越大,孔隙率越低,涂层的抗摩擦磨损性能越好,丙烷压力为 83 psi 时,涂层滑动磨损性能较好。

(5)氢气和丙烷的含量对涂层抗磨蚀性能影响较大,在氢气比例为 45%和丙烷压力为 83 psi 时,涂层的抗磨蚀性能是 ZG00Cr13Ni5Mo 不锈钢基体抗磨蚀性能的 10 倍以上,另外涂层显微硬度分布的均匀性对其抗磨蚀性能影响很大,$4^{\#}$涂层显微硬度分布最均匀,抗磨蚀性能是 ZG00Cr13Ni5Mo 不锈钢基体的 12.23 倍。

第 5 章　超音速等离子喷涂技术及应用

等离子喷涂技术是继火焰喷涂之后大力发展起来的一种材料表面强化和改性的技术，它是采用由直流电驱动的等离子电弧作为热源，将陶瓷、合金、金属等材料加热到熔融或半熔融状态，并以喷向经过预处理的工件表面而形成附着牢固的表面层的方法。它具有超高温、喷射粒子的速度高、涂层致密、黏结强度高、喷涂材料不易氧化等特点。

超音速等离子喷涂技术制备水力机械表面功能材料系统采用了高焓加强型等离子焰流的设计、高达 100 kW 的喷涂功率、三合一的等离子气体、单阴极和单阳极以及先进的喷粉技术。通过对粉末、电弧气体和载气的控制，使得该系统能够获得更高的材料性能及高沉积率喷涂，从而获得成本更低、质量更高的表面功能材料。该系统克服了国内现有表面材料制备系统性能不稳定、粉末沉积率低以及制备的表面材料与基体结合强度低等问题。

5.1　超音速等离子喷涂技术难点与关键

(1)纳米材料具有小尺寸效应、表面效应及量子效应，能够显著提高表面功能材料的结合强度和硬度，降低涂层孔隙率。但也是因为纳米材料的诸多效应，材料表面非常活泼，极易产生团聚而成块，同时纳米粒子在喷涂过程中容易被烧蚀氧化而丧失纳米结构材料的优良特性。如何在功能材料制备过程中保持原有材料的纳米结构特性，是本项目的难点之一。为保持材料配方原有的纳米结构且方便使用，本项目采用纳米粒子再造粒工艺，通过球磨制浆、喷雾干燥、烧结热处理、粉末球化等步骤，制备出纳米结构团聚体粉末，以适用于超音速等离子喷涂系统的制备工艺。

(2)稀土被称为“工业味精”，有研究表明，掺杂 0.5%～1.5% 含量的稀土，有利于改善涂层组织的均匀性和稳定性。但稀土掺杂量较少，在掺杂过程中，容易造成稀土在材料中的局部集中，形成稀土元素偏聚，反而不利于涂层性能的稳定。如何解决配方改性过程中稀土元素的不均性是本项目的又一难点。利用三维混合技术，通过三维运动对掺杂的稀土进行均匀化处理，以保证稀土元素在配方材料中的均匀性，提高表面功能材料的性能和稳定性。

(3)普通表面功能材料系统由于火焰速度低,制备的表面材料的孔隙率达 3%~5%,这些孔隙将成为腐蚀通道,对表面材料的抗磨蚀、抗腐蚀能力造成不利影响。本方案采用的超音速等离子喷涂系统的焰流速度可达超音速,使熔融粒子撞击表面后充分扁平化,提高表面功能材料的致密度,大大降低表面功能材料的孔隙率。

(4)普通的表面材料存在与基体结合力较低的问题,在泥沙的作用下,表面材料容易产生剥落。利用超音速等离子喷涂技术实现粒子的超音速喷涂,并结合纳米技术,提高表面材料与基体的结合力,有效解决表面材料的剥落问题。

(5)普通的热喷涂技术沉积率低,技术成本过高。超音速等离子喷涂技术制备水力机械表面功能材料系统采用了高焓加强型等离子焰流设计,具有高喷涂功率、高焰流速度等特点,并结合高精度送粉,实现高沉积率喷涂,节省喷涂材料和技术成本。

5.2　试验方案

(1)通过系统的水轮机过流部件冲蚀、气蚀、盐雾腐蚀试验,并通过 SEM、EDS、XRD 等现代材料分析手段揭示高含沙水流中水轮机表面磨蚀的问题本质。

(2)对 SQC-100 超音速等离子喷涂技术制备水力机械表面功能材料系统创新设计,开发出新型具有 6 mach 的超高音速等离子喷枪技术,以提高涂层的致密性、结合强度等关键性能指标。

(3)通过超音速等离子喷枪与送粉机构创新设计、多参数优化和高精度高精准输送控制方法与技术等研发,将粉末沉积率提高到 80%。粉末沉积效率的提高可以提高涂层的制备效率,可以显著降低技术使用成本,具有明显的现实意义。

(4)采用微米 WC-10Co4Cr 粉末、纳米 WC-10Co4Cr 粉末和稀土改性 WC-10Co4Cr 粉末。先通过微米 WC-10Co4Cr 粉末找到最佳工艺,再分析比较 3 种粉末的抗磨蚀性能,最终找到解决水力机械过流部件磨蚀问题有一定价值的表面材料配方。

(5)进行制备工艺及方法的改进,利用正交试验方法设计工艺参数,通过超音速等离子技术制备对解决水轮机表面磨蚀问题有一定价值的功能材料,并进行表面材料的力学性能及微观组织分析。以探索出喷涂制备工艺对表面纳米功能材料的组织及性能的影响规律。

选定 6 个直接影响超音速等离子喷涂涂层质量的工艺参数，即氩气流量、氮气流量、氢气流量、喷涂功率、送粉率、喷涂距离。

超音速等离子喷涂制备 WC-10Co4Cr 参数如下：

①喷涂功率 a(kW)：75、80、85、90、95；

②氩气流量 b(scfh)：320、350、380、410、440；

③氮气流量 c(scfh)：90、100、110、120、130；

④氢气流量 d(scfh)：70、80、90、100、110；

⑤送粉率 e(rpm)：3、3.5、4、4.5、5；

⑥喷涂距离 f(mm)：130、140、150、160、170。

设计 6 参数 5 水平的标准正交试验，见表 5-1。

表 5-1　超音速等离子喷涂制备 WC-10Co4Cr 涂层正交试验工艺参数

因素	喷涂功率（kW）	氩气流量（scfh）	氮气流量（scfh）	氢气流量（scfh）	送粉率（rpm）	喷涂距离（mm）
试验 1	75	320	90	70	3	130
试验 2	75	350	100	80	3.5	140
试验 3	75	380	110	90	4	150
试验 4	75	410	120	100	4.5	160
试验 5	75	440	130	110	5	170
试验 6	80	320	100	90	4.5	170
试验 7	80	350	110	100	5	130
试验 8	80	380	120	110	3	140
试验 9	80	410	130	70	3.5	150
试验 10	80	440	90	80	4	160
试验 11	85	320	110	110	3.5	160
试验 12	85	350	120	70	4	170
试验 13	85	380	130	80	4.5	130
试验 14	85	410	90	90	5	140
试验 15	85	440	100	100	3	150
试验 16	90	320	120	80	5	150

续表 5-1

因素	喷涂功率（kW）	氩气流量（scfh）	氮气流量（scfh）	氢气流量（scfh）	送粉率（rpm）	喷涂距离（mm）
试验 17	90	350	130	90	3	160
试验 18	90	380	90	100	3.5	170
试验 19	90	410	100	110	4	130
试验 20	90	440	110	70	4.5	150
试验 21	95	320	130	100	4	140
试验 22	95	350	90	110	4.5	150
试验 23	95	380	100	70	5	160
试验 24	95	410	110	80	3	170
试验 25	95	440	120	90	3.5	130

（6）采用金相显微镜、显微硬度计、拉伸试验机、摩擦磨损试验机、SQC-200 三相流冲蚀试验系统、电化学工作站等测试分析涂层的孔隙率、显微硬度、结合强度、抗磨损性能、抗磨蚀性能、耐腐蚀性能等，并通过 SEM、EDS、XRD 等现代材料分析手段揭示功能材料的抗磨损、抗磨蚀等作用机制。

（7）在上述试验的基础上，进一步优化工艺，制备出较理想的表面抗蚀功能材料，并在水轮机叶轮等过流部件上初步试用，同时对新材料的使用情况进行跟踪、分析，并进一步优化新材料的抗磨蚀效果。

5.3　试验方法

5.3.1　基体试样的准备

（1）基体试样制备方法：将 ZG00Cr13Ni5Mo 不锈钢线切割成尺寸约为 70 mm×130 mm×4 mm 的钢板，平面磨将钢板表面打光，喷涂作业，将喷涂大样切割成测试需要尺寸的小样。

（2）优势：上述方法制备的试样，性能一致、差异性小、试样较大，喷涂时容易操作。

（3）可能存在问题：喷涂不导电氧化物涂层的试样较难切割出圆形等复

杂形状的小试样。

(4)制备要求:将不锈钢基体线切割成要求尺寸,约为:70 mm×130 mm×4 mm,平面磨床表面打光,确保试样表面光滑、平整、无锈蚀。

5.3.2 试样表面前处理

先进行除油处理,再进行粗化处理,最后进行预热处理。

(1)除油处理:采用超声清洗设备,无水乙醇作为溶剂清洗 0.5 h,清洗 2~3 次,热风吹干,干燥器保存备用。

(2)粗化处理:采用小型喷砂机进行喷砂处理,磨料选择粒径为 0.5 mm(35 目)至 1.5 mm 的石英砂,压缩空气压力为 0.7 MPa,喷嘴到基体金属表面保持 100~300 mm 的距离,喷射方向与基体金属表面法线的夹角控制在 15°~30°,喷砂采用“Z”字形路径,喷砂后要求试样表面的变形均匀,无明显反光亮面。粗化后尽快进行喷涂作业,或者干燥器保存备用。

(3)预热处理:采用等离子火焰对试样进行预热处理(较小的试样可在烘箱中预热处理),预热温度大约为 200 ℃,用等离子火焰对试样表面进行烘烤 1~2 遍。

5.3.3 喷涂粉末处理

5.3.3.1 纳米粉末再造粒

纳米粒子由于其表面活性高,极易产生团聚而成块,不利于使用,同时纳米粒子在喷涂过程中容易被烧蚀氧化而丧失纳米结构材料的优良特性。为保持材料原有的纳米结构且方便使用,需对纳米粒子进行再造粒工艺。即通过球磨制浆、喷雾干燥、烧结热处理、粉末球化等步骤,制备出纳米结构团聚体粉末。粉体烧结后 SEM 形貌如图 5-1 所示。

5.3.3.2 配方的稀土掺杂改性

为改善表面功能材料性能和稳定性,在纳米结构粉末中掺杂微量稀土元素对材料进行配方改性,通过三维混合技术对改性配方材料进行成分均匀化处理,保证配方材料的成分均匀性。

5.3.3.3 粉末材料干燥除湿处理

纳米结构粉末配方在使用前需进行干燥除湿处理,但若干燥温度过高,则纳米结构粉末容易氧化,丧失纳米结构材料的优良特性。而干燥温度过低,则粉末干燥除湿不充分,降低表面材料的使用性能。通过多次的配方粉末干燥除湿试验,最终确定了干燥温度为 80 ℃,干燥时间为 2 h 的处理工艺。

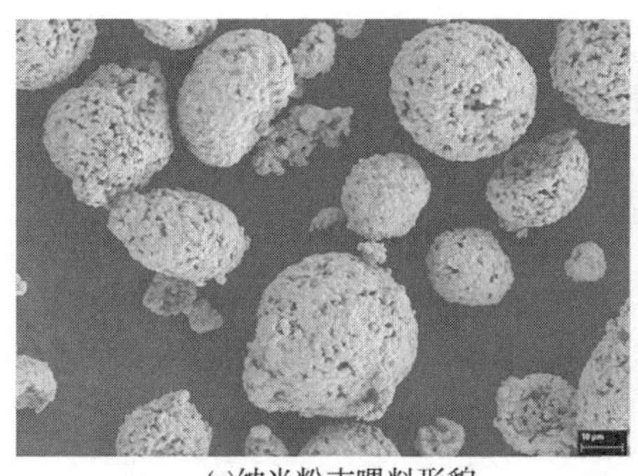

(a)纳米粉末喂料形貌

(b)纳米粉末喂料局部放大

图 5-1　粉体烧结后 SEM 形貌

5.3.4　涂层性能测试分析方法

试样经 200#～3 000#水磨砂纸打磨并抛光后，利用 KMM-500E 金相显微镜测试 WC/Co 涂层的孔隙率，测试 10 个区域取平均值。采用 HXD-1000TMC/LCD 显微硬度测试仪测试涂层的显微硬度，测试条件为：200 g 载荷、10 s 加载时间，试样测试 10 个点并取平均值。利用卡尔蔡司的 ULTRA55 场发射扫描电子显微镜（FESEM）观察涂层微观形貌。利用帕纳科 X'Pert Powder 型号 X 射线粉末衍射仪测试通过全谱扫描来测试涂层的成分和晶型结构，判断涂层质量。

参照国家标准《热喷涂 抗拉结合强度的测定》（GB/T 8642—2002），将试样采用进口专用薄膜胶进行粘接、固化，再采用 Smart test 5 t 万能试验机进行涂层与基体结合力的测试，试样尺寸为 ϕ25 mm。

采用 HT-600 摩擦磨损试验机研究 WC/Co 涂层的抗磨损性能。测试条件：磨球材质为 Si_3N_4，荷载力 f 为 500 g，摩擦半径 R 为 6 mm，加载速度 v 为 1 120 r/min，试验时间 t 为 180 min。将 WC/Co 涂层和基体在相同的测试条件下做摩擦磨损试验，试验完成后清洗称重，通过失重量分析涂层的抗磨性能。

采用 LTC-100 型料浆冲蚀试验机对涂层的抗泥沙冲蚀性能进行测试。测试条件：冲蚀试验机主轴转速为 1 200 r/min，石英砂浓度为 40%（质量百分比），试验时间为 6 h。采用精度为 0.000 01 g 的分析天平称量试样冲蚀前后的质量，求出失重量。采用蔡司 Supra55 型扫描电子显微镜（SEM）对粉末、涂层截面、冲蚀后涂层表面进行微观形貌观察和显微组织分析。

采用 RST5200 电化学工作站测试涂层的电化学性能，试样经过环氧树脂封装后作为工作电极，铂片作为辅助电极，饱和甘汞电极（SCE）作为参比电极。试验参数：测试温度为 25 ℃，溶液为 3.5%的 NaCl 溶液。

5.4 超音速等离子喷涂制备 WC-10Co4Cr 涂层性能及微观组织

首先利用超音速等离子喷涂系统制备微米级 WC-10Co4Cr 涂层，并测试、观察、分析该涂层的显微硬度、孔隙率、抗磨损性能、结合强度、抗磨蚀性能、耐腐蚀性能、物相及微观结构，并分析该涂层的抗磨损机制、拉伸断裂机制、抗磨蚀机制等，得到优化工艺。

5.4.1 显微硬度

利用 HXD-1000TMC/LCD 数字显微硬度仪，测试条件：载荷为 200 g，加载时间为 10 s，放大倍数为 400 倍，涂层显微硬度统计如表 5-2 所示。

表 5-2 超音速等离子制备 WC-10Co4Cr 涂层正交试验硬度统计

试样编号	1#	2#	3#	4#	5#
显微硬度（$HV_{0.2}$）	1 158	1 240	1 345	1 154	1 105
试样编号	6#	7#	8#	9#	10#
显微硬度（$HV_{0.2}$）	1 265	1 157	1 273	1 226	1 187
试样编号	11#	12#	13#	14#	15#
显微硬度（$HV_{0.2}$）	1 218	1 050	1 097	1 195	1 139
试样编号	16#	17#	18#	19#	20#
显微硬度（$HV_{0.2}$）	1 160	1 210	1 254	1 120	1 197
试样编号	21#	22#	23#	24#	25#
显微硬度（$HV_{0.2}$）	1 187	1 101	1 201	1 370	1 121

从表 5-2 中可知涂层显微硬度基本为 1 200 $HV_{0.2}$ 左右，其中 24#试样硬度最高为 1 370 $HV_{0.2}$，基本有利于涂层的抗磨性能。对 25 组试样硬度利用正交分析法可得如表 5-3 所示数据，超音速等离子制备 WC-10Co4Cr 涂层显微硬度因素水平均值见图 5-2。

表 5-3　超音速等离子制备 WC-10Co4Cr 显微硬度正交试验直观分析表

试样编号	功率 (kW)	氩气流量 (scfh)	氮气流量 (scfh)	氢气流量 (scfh)	送粉率 (rpm)	喷涂距离 (mm)	显微硬度 ($HV_{0.2}$)
1#	75	320	90	70	3	130	1 158
2#	75	350	100	80	3.5	140	1 240
3#	75	380	110	90	4	150	1 345
4#	75	410	120	100	4.5	160	1 154
5#	75	440	130	110	5	170	1 105
6#	80	320	100	90	4.5	170	1 265
7#	80	350	110	100	5	130	1 157
8#	80	380	120	110	3	140	1 273
9#	80	410	130	70	3.5	150	1 226
10#	80	440	90	80	4	160	1 187
11#	85	320	110	110	3.5	160	1 218
12#	85	350	120	70	4	170	1 050
13#	85	380	130	80	4.5	130	1 097
14#	85	410	90	90	5	140	1 195
15#	85	440	100	100	3	150	1 139
16#	90	320	120	80	5	150	1 160
17#	90	350	130	90	3	160	1 210
18#	90	380	90	100	3.5	170	1 254
19#	90	410	100	110	4	130	1 120
20#	90	440	110	70	4.5	140	1 197
21#	95	320	130	100	4	140	1 187
22#	95	350	90	110	4.5	150	1 101
23#	95	380	100	70	5	160	1 201
24#	95	410	110	80	3	170	1 370
25#	95	440	120	90	3.5	130	1 121
均值 1	1 200.400	1 217.600	1 179.000	1 166.400	1 230.000	1 130.600	—
均值 2	1 241.600	1 151.600	1 213.000	1 210.800	1 211.800	1 223.750	—
均值 3	1 139.800	1 234.000	1 257.400	1 247.200	1 177.800	1 194.667	—
均值 4	1 188.200	1 213.000	1 151.600	1 178.200	1 182.800	1 194.000	—
均值 5	1 196.000	1 149.800	1 165.000	1 163.400	1 163.600	1 228.800	—
极差	101.800	84.200	105.800	83.800	66.400	98.200	—

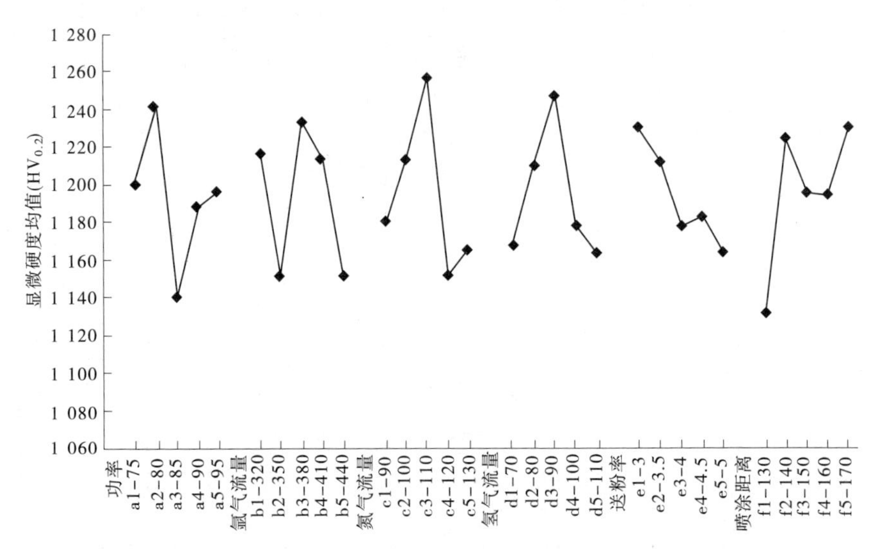

图 5-2　超音速等离子制备 WC-10Co4Cr 涂层显微硬度因素水平均值

通过表 5-3 和图 5-2 可知,功率影响下的最大硬度是 1 241.6 $HV_{0.2}$,对应的是水平 2,也就是功率为 80 kW;氩气流量影响下的最大硬度是 1 234 $HV_{0.2}$,对应的是水平 3,也就是氩气流量为 380 scfh;氮气流量影响下的最大硬度是 1 257.4,对应的是水平 3,也就是氮气流量为 110 scfh;氢气流量影响下的最大硬度是 1 247.2,对应的是水平 3,也就是氢气流量为 90 scfh;送粉率影响下的最大硬度是 1 230 $HV_{0.2}$,对应的是水平 1,也就是送粉率为 3 rpm;喷涂距离影响下的最大硬度是 1 228.8 $HV_{0.2}$,对应的是水平 5,也就是喷涂距离为 170 mm。通过表 5-3 中极差分析可知,对显微硬度影响因素的顺序依次是:氮气流量→功率→喷涂距离→氩气流量→氢气流量→送粉率。

由图 5-2 并结合表 5-3 可得出,制备高显微硬度的 WC-10Co4Cr 涂层的等离子喷涂最佳工艺是:功率 80 kW,氩气流量 380 scfh,氮气流量 110 scfh,氢气流量 90 scfh,送粉率 3 rpm,喷涂距离 170 mm。

5.4.2　金相及孔隙率

对正交试验制备的 WC-10Co4Cr 涂层进行孔隙率测试。采用金相显微镜,200 倍下,在专业孔隙率分析软件下分析涂层孔隙率大小,测试 5 个区域的孔隙大小并求平均值,作为涂层的孔隙率大小,涂层孔隙率如表 5-4 所示,超音速等离子制备碳化钨涂层孔隙率因素水平均值如图 5-3 所示。

表 5-4　超音速等离子制备 WC-10Co4Cr 涂层孔隙率

试样编号	测量值					平均值
	1	2	3	4	5	
1#	0.47	0.61	0.53	0.59	0.42	0.52
2#	0.65	0.43	0.63	0.38	0.62	0.54
3#	0.79	0.61	0.57	0.62	0.87	0.69
4#	0.58	0.73	0.82	0.84	0.56	0.71
5#	0.79	0.73	0.84	1.26	0.76	0.88
6#	0.49	0.38	0.25	0.46	0.83	0.48
7#	1.31	1.09	1.15	1.23	1.07	1.17
8#	0.97	0.57	0.88	1.12	1.24	0.96
9#	0.59	0.61	0.60	0.67	0.61	0.62
10#	0.55	0.43	0.45	0.60	0.37	0.48
11#	0.48	0.63	0.43	0.69	0.78	0.60
12#	0.57	0.46	0.78	0.72	0.52	0.61
13#	0.25	0.34	0.37	0.36	0.46	0.36
14#	0.46	0.86	0.43	0.64	0.45	0.57
15#	0.91	0.88	0.65	0.58	0.83	0.77
16#	1.06	0.61	0.55	0.62	0.44	0.66
17#	0.85	0.90	0.67	0.52	0.61	0.71
18#	0.33	0.56	0.48	0.68	0.76	0.56
19#	0.55	0.39	0.32	0.24	0.48	0.40
20#	0.86	0.77	0.88	0.91	0.93	0.87
21#	0.49	0.88	0.53	0.74	0.47	0.62
22#	1.14	0.84	1.24	1.19	0.94	1.07
23#	0.79	0.78	0.85	0.77	0.74	0.79
24#	0.80	0.74	1.21	0.58	0.93	0.85
25#	0.53	0.83	0.97	0.99	0.77	0.82

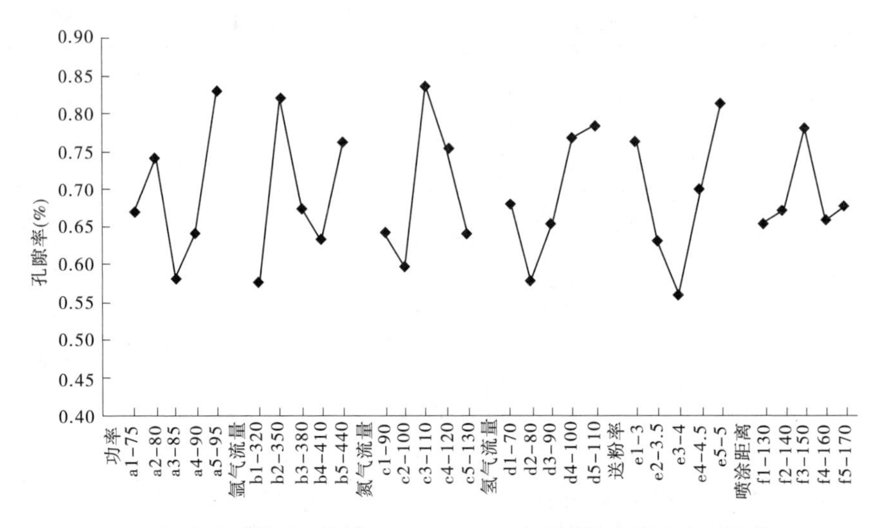

图 5-3　超音速等离子制备 WC-10Co4Cr 涂层孔隙率因素水平均值

表 5-4 为碳化钨涂层的孔隙率测试结果,从结果可以看出,碳化钨涂层孔隙率较低,孔隙率基本<1%。低的孔隙率说明超音速等离子喷涂过程中粉末颗粒的扁平化程度高,制备的 WC-10Co4Cr 涂层致密度高。

对涂层孔隙率性能进行正交试验分析,其正交试验直观分析表如表 5-5 所示。

表 5-5　超音速等离子制备 WC-10Co4Cr 涂层孔隙率正交试验直观分析表

试样编号	功率(kW)	氩气流量(scfh)	氮气流量(scfh)	氢气流量(scfh)	送粉率(rpm)	喷涂距离(mm)	孔隙率(%)
1#	75	320	90	70	3	130	0.52
2#	75	350	100	80	3.5	140	0.54
3#	75	380	110	90	4	150	0.69
4#	75	410	120	100	4.5	160	0.71
5#	75	440	130	110	5	170	0.88
6#	80	320	100	90	4.5	170	0.48
7#	80	350	110	100	5	130	1.17
8#	80	380	120	110	3	140	0.96
9#	80	410	130	70	3.5	150	0.62

续表 5-5

试样编号	功率(kW)	氩气流量(scfh)	氮气流量(scfh)	氢气流量(scfh)	送粉率(rpm)	喷涂距离(mm)	孔隙率(%)
10#	80	440	90	80	4	160	0.48
11#	85	320	110	110	3.5	160	0.60
12#	85	350	120	70	4	170	0.61
13#	85	380	130	80	4.5	130	0.36
14#	85	410	90	90	5	140	0.57
15#	85	440	100	100	3	150	0.77
16#	90	320	120	80	5	150	0.66
17#	90	350	130	90	3	160	0.71
18#	90	380	90	100	3.5	170	0.56
19#	90	410	100	110	4	130	0.40
20#	90	440	110	70	4.5	140	0.87
21#	95	320	130	100	4	140	0.62
22#	95	350	90	110	4.5	150	1.07
23#	95	380	100	70	5	160	0.79
24#	95	410	110	80	3	170	0.85
25#	95	440	120	90	3.5	130	0.82
均值 1	0.668	0.576	0.640	0.682	0.762	0.654	—
均值 2	0.742	0.820	0.596	0.578	0.628	0.672	—
均值 3	0.582	0.672	0.836	0.654	0.560	0.780	—
均值 4	0.640	0.630	0.752	0.766	0.698	0.658	—
均值 5	0.830	0.764	0.638	0.782	0.814	0.676	—
极差	0.248	0.244	0.240	0.204	0.254	0.126	—

通过表 5-5 和图 5-3 可知，功率影响下的最小孔隙率是 0.582%，对应的是水平 3，也就是功率为 85 kW；氩气流量影响下的最小孔隙率是 0.576%，对应的是水平 1，也就是氩气流量为 320 scfh；氮气流量影响下的最小孔隙率是

0.596%,对应的是水平 2,也就是氮气流量为 100 scfh;氢气流量影响下的最小孔隙率是 0.578%,对应的是水平 2,也就是氢气流量为 80 scfh;送粉率影响下的最小孔隙率是 0.560%,对应的是水平 3,也就是送粉率为 4 rpm;喷涂距离影响下的最小孔隙率是 0.654%,对应的是水平 1,也就是喷涂距离为 130 mm。通过表 5-5 中极差分析可知,对涂层孔隙率影响程度大小的因素主次顺序依次是:送粉率→功率→氩气流量→氮气流量→氢气流量→喷涂距离。

通过图 5-3 的超音速等离子制备 WC-10Co4Cr 涂层孔隙率因素水平均值并结合表 5-5 可得出,100HE 制备具有高致密度 WC-10Co4Cr 涂层的最佳工艺是:功率为 85 kW,氩气流量为 320 scfh,氮气流量为 100 scfh,氢气流量为 80 scfh,送粉率为 4 rpm,喷涂距离为 130 mm。

5.4.3 抗磨损性能及磨损机制分析

5.4.3.1 超音速等离子制备 WC-10Co4Cr 涂层抗磨损性能

利用 HT-600 型高温摩擦磨损试验机,对超音速等离子制备的 WC-10Co4Cr 涂层进行抗磨损性能测试。测试试验条件:载荷为 500 g,对磨材料为 Si_3N_4,电机频率为 20 Hz,转速为 1 120 r/min,摩擦半径为 6 mm,试验时间为 180 min。利用 LE225D 精密电子天平对基体和 25 组正交试样在摩擦磨损前后进行称重,并计算涂层摩擦磨损失重。25 组涂层的摩擦磨损失重情况如表 5-6 所示。

表 5-6 超音速等离子制备 WC-10Co4Cr 涂层摩擦磨损失重统计表

试样编号	失重量(g)	失重比
1#	0.000 76	79
2#	0.000 89	68
3#	0.000 74	81
4#	0.000 65	93
5#	0.000 56	108
6#	0.000 63	96
7#	0.000 68	89
8#	0.000 66	91
9#	0.000 47	128
10#	0.000 86	70

续表 5-6

试样编号	失重量(g)	失重比
11#	0.000 69	87
12#	0.000 87	69
13#	0.000 73	82
14#	0.000 67	90
15#	0.001 21	50
16#	0.000 63	96
17#	0.000 61	99
18#	0.000 68	89
19#	0.000 97	62
20#	0.000 45	134
21#	0.000 80	75
22#	0.000 78	77
23#	0.000 58	104
24#	0.000 94	64
25#	0.000 76	79
基体	0.060 20	—

通过摩擦磨损试验前后的失重量计算基体与涂层的失重比，以表征涂层的抗磨损性能。从失重比大小可知：抗磨损性能最好的 20# 工艺下制备的涂层试样，该涂层是基体抗磨损性能的 134 倍，涂层抗磨性能优越。

对 25 组试样的摩擦磨损试验进行正交分析可得如表 5-7 所示结果。超音速等离子制备 WC-10Co4Cr 涂层抗磨损性因素水平均值见图 5-4。

表 5-7　超音速等离子制备 WC-10Co4Cr 涂层摩擦磨损正交分析表

试样编号	功率(kW)	氩气流量(scfh)	氮气流量(scfh)	氢气流量(scfh)	送粉率(rpm)	喷涂距离(mm)	失重比
1#	75	320	90	70	3	130	79
2#	75	350	100	80	3.5	140	68
3#	75	380	110	90	4	150	81

续表 5-7

试样编号	功率（kW）	氩气流量（scfh）	氮气流量（scfh）	氢气流量（scfh）	送粉率（rpm）	喷涂距离（mm）	失重比
4#	75	410	120	100	4.5	160	93
5#	75	440	130	110	5	170	108
6#	80	320	100	90	4.5	170	96
7#	80	350	110	100	5	130	89
8#	80	380	120	110	3	140	91
9#	80	410	130	70	3.5	150	128
10#	80	440	90	80	4	160	70
11#	85	320	110	110	3.5	160	87
12#	85	350	120	70	4	170	69
13#	85	380	130	80	4.5	130	82
14#	85	410	90	90	5	140	90
15#	85	440	100	100	3	150	50
16#	90	320	120	80	5	150	96
17#	90	350	130	90	3	160	99
18#	90	380	90	100	3.5	170	89
19#	90	410	100	110	4	130	62
20#	90	440	110	70	4.5	140	134
21#	95	320	130	100	4	140	75
22#	95	350	90	110	4.5	150	77
23#	95	380	100	70	5	160	104
24#	95	410	110	80	3	170	64
25#	95	440	120	90	3.5	130	79
均值 1	85.800	86.600	81.000	102.800	76.600	78.200	—
均值 2	94.800	80.400	76.000	76.000	90.200	81.000	—
均值 3	75.600	89.400	91.000	89.000	71.400	94.333	—
均值 4	96.000	87.400	85.600	79.200	96.400	90.600	—
均值 5	79.800	88.200	98.400	85.000	97.400	85.200	—
极差	20.400	9.000	22.400	26.800	26.000	16.133	—

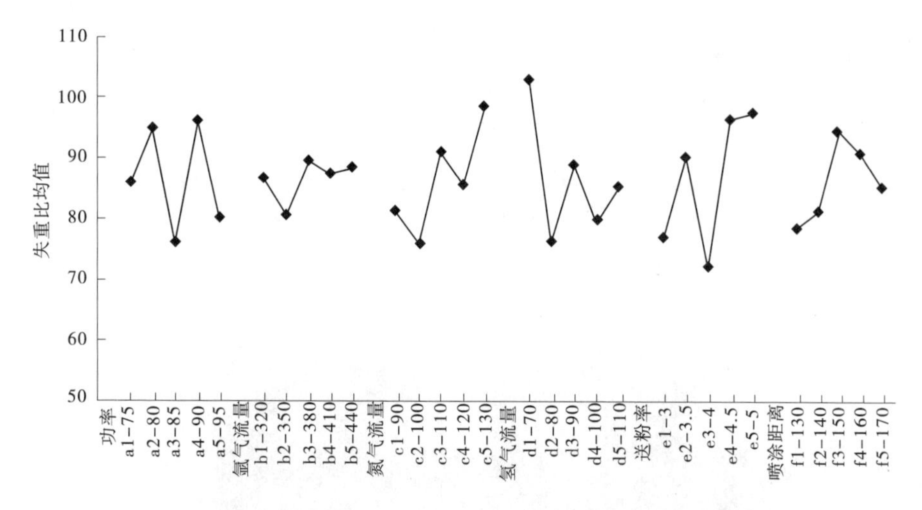

图 5-4　超音速等离子制备 WC-10Co4Cr 涂层抗磨损性因素水平均值

通过表 5-7 和图 5-4 可知，功率影响下失重比均值最大是 96，对应的是水平 4，也就是功率为 90 kW；氩气流量影响下失重比均值最大是 89.4，对应的是水平 3，也就是氩气流量为 380 scfh；氮气流量影响下失重比均值最大是 98.4，对应的是水平 5，也就是氮气流量为 130 scfh；氢气流量影响下失重比均值最大是 102.8，对应的是水平 1，也就是氢气流量为 70 scfh；送粉率影响下失重比均值最大是 97.4，对应的是水平 5，也就是转速为 5 rpm；喷涂距离影响下失重比均值最大是 94.3，对应的是水平 3，也就是喷涂距离为 150 mm。通过表中极差分析可知，影响涂层抗磨损性能的因素主次顺序依次是：氢气流量→送粉率→氮气流量→功率→喷涂距离→氩气流量。

通过图 5-4 的超音速等离子制备 WC-10Co4Cr 涂层抗磨损性因素水平均值及表 5-7 分析可得出 100HE 制备 WC-10Co4Cr 涂层硬度的最佳工艺是：功率为 90 kW，氩气流量为 380 scfh，氮气流量为 130 scfh，氢气流量为 70 scfh，送粉率为 5 rpm，喷涂距离为 150 mm。

5.4.3.2　超音速等离子制备 WC-10Co4Cr 涂层磨损机制分析

超音速等离子制备 WC-10Co4Cr 涂层中 20#试样的抗磨损性能最好，失重比为基体的 134 倍。以 20#为例，研究超音速等离子制备 WC-10Co4Cr 涂层的磨损机制。

WC/Co 涂层和基体在 180 min 摩擦磨损试验后表面磨损对比如图 5-5(a)所示，WC/Co 涂层仅有微小的磨痕，而基体的磨痕深。WC/Co 涂层

180 min 的摩擦磨损曲线如图 5-5(b)所示,摩擦磨损过程分为三个阶段:第一阶段为磨合阶段,摩擦因数从 0 迅速增至 0.7,WC/Co 涂层摩擦磨损较为严重。第二阶段为过渡阶段,摩擦因数随摩擦时间的延长呈现缓慢下降的趋势,主要是因为摩擦副接触表面微凸相对磨平,磨损程度减小。第三阶段为稳定磨合阶段,摩擦力矩几乎不变,相应的摩擦因数维持在 0.5~0.55,主要是涂层中暴露出来的表面突峰或较大的形貌起伏剥落后,涂层表面逐渐被磨平,摩擦副间实际接触面积增大,因此磨损速率减小,摩擦因数变化较小,磨损趋于稳定。

(a)摩擦磨损形貌

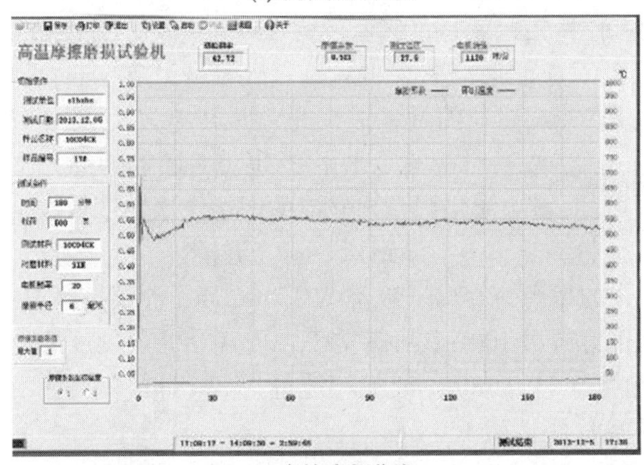

(b)摩擦磨损曲线

图 5-5　超音速等离子制备 WC-10Co4Cr 涂层 20#试样的摩擦磨损形貌与摩擦磨损曲线

从图 5-6 可以看出 WC-10Co4Cr 涂层经过摩擦磨损后涂层中发生了剥落和开裂,主要有三个方面原因:

(1)超音速喷涂过程中,熔化的粒子快速撞击基体而扁平化,并快速冷却

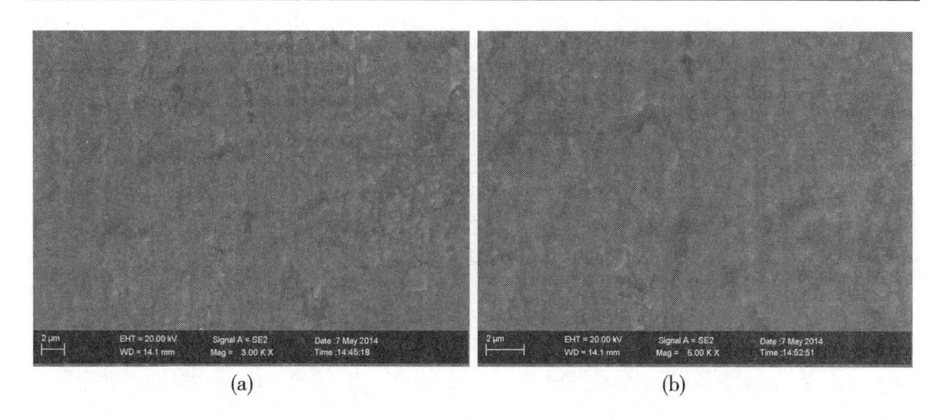

图 5-6　超音速等离子制备 WC-10Co4Cr 涂层摩擦磨损后 SEM 形貌图片

形成涂层,导致涂层内部存在残余应力,应力释放导致形成微裂纹。

(2)从磨损过程看,摩擦磨损试验滑动初期,涂层的磨损主要是粘着磨损,在涂层与对偶件之间的许多碎小颗粒物使涂层又产生了磨粒磨损,涂层上出现了大量的犁沟,这些犁沟逐渐变深、变长,这是典型的磨粒磨损,即为粘着磨损并兼有磨粒磨损。随着磨损的继续进行,涂层表面出现层状剥落,从机制上分析,由于涂层是在拉应力与压应力的交替作用下,不断出现疲劳损伤,随着疲劳损伤的不断积累,在层与层之间出现微裂痕,而裂痕也会随着交变应力的变化逐渐长大,当这些裂痕扩展到一定程度时就会导致层间的脱落,从而出现层状剥落现象。

(3)由于涂层中存在少许孔洞,在涂层中的孔洞尖角处,尤其是两相间的孔洞尖角处,是涂层中较薄弱的部位,很容易产生裂纹源,进而沿着两相界面扩展,容易造成磨损脱落。

以上三方面原因共同作用造成了超音速等离子制备 WC-10Co4Cr 涂层的磨损剥落和开裂。

5.4.4　结合强度及拉伸断裂机械分析

5.4.4.1　超音速等离子制备 WC-10Co4Cr 涂层结合强度

利用 5 t 慢拉伸试验机,测试正交试验涂层的结合强度大小。试验测试条件:拉伸速度为 0.5 mm/min,粘胶为 FM-1000 薄膜胶(190 ℃固化 4 h,随炉冷);25 组正交试样结合强度和涂层脱落情况统计见表 5-8。

表 5-8　超音速等离子制备 WC-10Co4Cr 涂层结合强度和涂层脱落情况统计

试样编号	结合强度(MPa)	断裂位置	涂层脱落比
1#	57	涂层	100%脱落
2#	58	涂层	100%脱落
3#	50	涂层	100%脱落
4#	60	涂层	100%脱落
5#	60	涂层	100%脱落
6#	69	涂层	100%脱落
7#	70	涂层	100%脱落
8#	66	涂层	100%脱落
9#	72	涂层	100%脱落
10#	63	涂层	100%脱落
11#	60	涂层	100%脱落
12#	67	涂层	100%脱落
13#	70	涂层	100%脱落
14#	71	涂层	100%脱落
15#	65	涂层	100%脱落
16#	67	涂层	100%脱落
17#	71	涂层	100%脱落
18#	72	涂层	100%脱落
19#	65	涂层	100%脱落
20#	72	涂层	100%脱落
21#	64	涂层	100%脱落
22#	70	涂层	100%脱落
23#	60	涂层	100%脱落
24#	66	涂层	100%脱落
25#	64	涂层	100%脱落

从涂层拉伸断裂形貌可知,基本都是涂层发生断裂。根据表 5-8 可知,结

合强度最高的是 9#、18# 和 20# 试样,可达 72 MPa。试样断裂位置为涂层,涂层 100%脱落。对 25 组涂层的结合强度进行正交分析,其直观分析表如表 5-9 所示。超音速等离子制备 WC-10Co4Cr 涂层结合强度因素水平均值如图 5-7 所示。

表 5-9　100HE 高焓等离子制备 WC-10Co4Cr 涂层结合强度直观分析表

试样编号	功率(kW)	氩气流量(scfh)	氮气流量(scfh)	氢气流量(scfh)	送粉率(rpm)	喷涂距离(mm)	结合强度(MPa)
1#	75	320	90	70	3	130	57
2#	75	350	100	80	3.5	140	58
3#	75	380	110	90	4	150	50
4#	75	410	120	100	4.5	160	60
5#	75	440	130	110	5	170	60
6#	80	320	100	90	4.5	170	69
7#	80	350	110	100	5	130	70
8#	80	380	120	110	3	140	66
9#	80	410	130	70	3.5	150	72
10#	80	440	90	80	4	160	63
11#	85	320	110	110	3.5	160	60
12#	85	350	120	70	4	170	67
13#	85	380	130	80	4.5	130	70
14#	85	410	90	90	5	140	71
15#	85	440	100	100	3	150	65
16#	90	320	120	80	5	150	67
17#	90	350	130	90	3	160	71
18#	90	380	90	100	3.5	170	72
19#	90	410	100	110	4	130	65
20#	90	440	110	70	4.5	140	72
21#	95	320	130	100	4	140	64
22#	95	350	90	110	4.5	150	70

续表 5-9

试样编号	功率（kW）	氩气流量（scfh）	氮气流量（scfh）	氢气流量（scfh）	送粉率（rpm）	喷涂距离（mm）	结合强度（MPa）
23#	95	380	100	70	5	160	60
24#	95	410	110	80	3	170	66
25#	95	440	120	90	3.5	130	64
均值 1	57.000	63.400	66.600	65.600	65.000	65.200	—
均值 2	68.000	67.200	63.400	64.800	65.200	64.750	—
均值 3	66.600	63.600	63.600	65.000	61.800	66.000	—
均值 4	69.400	66.800	64.800	66.200	68.200	62.800	—
均值 5	64.800	64.800	67.400	64.200	65.600	66.800	—
极差	12.400	3.800	4.000	2.000	6.400	4.000	—

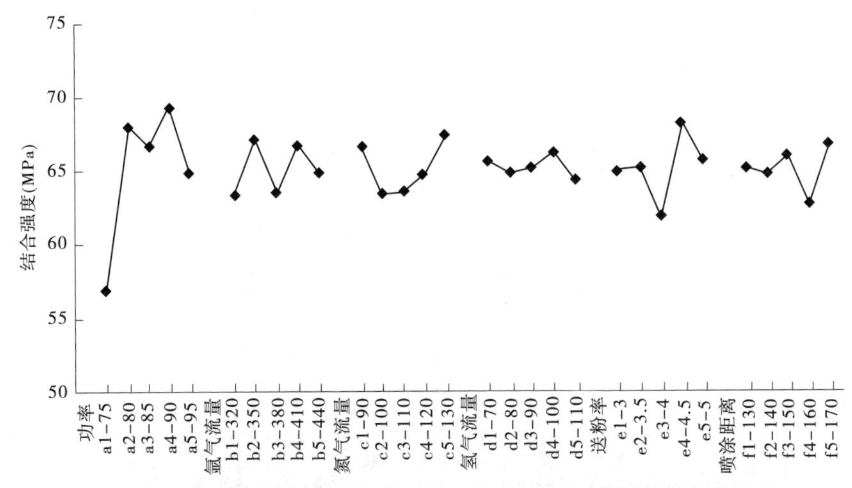

图 5-7　超音速等离子制备 WC-10Co4Cr 涂层结合强度因素水平均值

通过表 5-9 和图 5-7 可知，功率影响下结合强度最大是 69.4 MPa，对应的是水平 4，也就是功率为 90 kW；氩气流量影响下结合强度最大是 67.2 MPa，对应的是水平 2，也就是氩气流量为 350 scfh；氮气流量影响下结合强度最大是 67.4 MPa，对应的是水平 5，也就是氮气流量为 130 scfh；氢气流量影响下结合强度最大是 66.2 MPa，对应的是水平 4，也就是氢气流量为 100 scfh；送粉率影响下结合强度最大是 68.2 MPa,对应的是水平 4,也就是送粉率为 4.5 rpm;喷涂距离影响下结合强度最大是 66.8 MPa,对应的是水平 5,也就是喷涂距离为 170 mm。通过表 5-9 中极差分析可知,结合强度影响因素的主次顺序依次是:功率→送粉率→喷涂距离→氮气流量→氩气流量→氢气流量。

通过图 5-7 中超音速等离子制备 WC-10Co4Cr 涂层结合强度因素水平均值并结合表 5-9 分析,可得出获得高结合强度 WC-10Co4Cr 涂层的最佳工艺是:功率为 90 kW,氩气流量为 350 scfh,氮气流量为 130 scfh,氢气流量为 100 scfh,送粉率为 4.5 rpm,喷涂距离为 170 mm。

5.4.4.2　超音速等离子制备 WC-10Co4Cr 涂层拉伸断裂机制分析

超音速等离子制备 WC-10Co4Cr 涂层中 20#试样的涂层结合强度最大为 72 MPa,试样断裂位置为涂层,涂层 100%脱落。以 20#为例,研究超音速等离子制备 WC-10Co4Cr 涂层的拉伸断裂机制。

由图 5-8(a)可以看出,断口形貌凹凸不平,断面处存在大量的韧窝,这些韧窝是由圆形的脱落颗粒造成的,表明涂层的脱落发生在颗粒间。涂层颗粒是以机械结合为主。涂层形成过程中,喷涂粒子与基体碰撞后形成扁平化粒子,扁平化粒子相互交错形成了层状结构,涂层的微裂纹产生于粒子结合面,此时 WC-10Co4Cr 涂层断裂表现为沿晶断裂。由图 5-8(b)可以看出,在韧窝的周围有大量的微裂纹,在拉应力的持续作用下扩展,当裂纹彼此连通后,涂层就发生断裂。在拉伸载荷作用下,裂纹容易沿涂层较为脆弱的气孔和孔隙间扩展,造成涂层的断裂,此时 WC-10Co4Cr 涂层断裂表现为穿晶断裂。另外,在热喷涂 WC-10Co4Cr 过程中,粉末在经过喷枪到基体的过程中会遇到大量的氧,促使 WC 粒子发生脱碳反应。在脱碳过程中,部分 WC 转变成 W_2C,甚至 W,并且 Co 黏结相还和 W 和 C 形成合金相 CoxWyCz(相),使涂层中 WC 含量降低,从而降低了涂层结合强度,导致涂层断裂。

图 5-9 为 WC-10Co4Cr 涂层中 Cr、C、Co、W 四种元素的扫描图,图中白点部分为所测得的元素。从涂层的能谱分析结果来看,涂层的成分分布很均匀,没有明显的富集。从扫描结果来看,涂层中没有出现明显的偏析状况。这是由于高焓等离子喷涂采用氩气、氮气和氢气,在喷涂中随着其中的主气——氩气流量的增大、粒子速度的提高使得射流的刚性也随之提高,射流以层流为主,对 WC/Co 粉末粒子起到了较好的氧化保护作用,涂层性能参数分布均匀,具有较低的孔隙率、较高的硬度和结合强度。

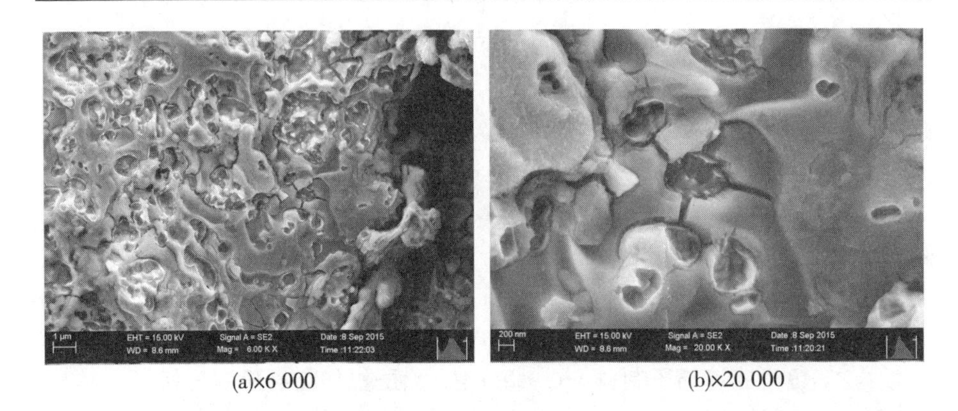

(a)×6 000 (b)×20 000

图 5-8 涂层拉伸断裂 SEM 图

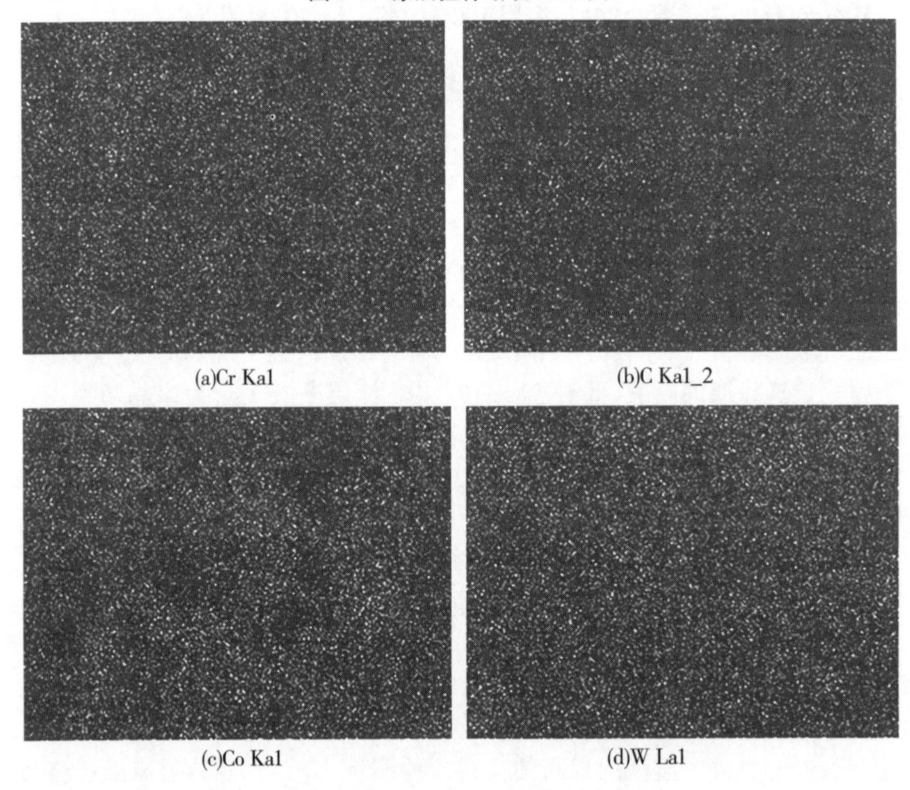

(a)Cr Ka1 (b)C Ka1_2

(c)Co Ka1 (d)W La1

图 5-9 WC-10Co4Cr 涂层断裂面的扫描图

5.4.5 抗磨蚀性能及磨蚀机制分析

5.4.5.1 超音速等离子制备 WC-10Co4Cr 涂层抗磨蚀性能

利用 SQC-200 三相流冲蚀试验系统,模拟涂层在含沙水流环境下的磨蚀作用。其测试条件为:主轴转速 1 200 r/min,砂浆浓度 40%(沙 10 kg,水 15 kg),试验时间为 6 h;将 25 组试样分成 5 组,每组 5 个试样和 1 个基体样。用 LE225D 精密电子天平对基体样和 25 组正交试样在磨蚀试验前后进行称重,得出失重,通过计算失重比以表征涂层的抗磨蚀性能。涂层的抗磨蚀性能情况如表 5-10 所示。

表 5-10 超音速等离子制备 WC-10Co4Cr 涂层磨蚀失重统计

试样编号	失重量(g)	失重比
1#	0.074 91	2.53
2#	0.067 21	2.24
3#	0.056 39	2.76
4#	0.068 13	2.51
5#	0.072 04	2.09
基体 1	0.150 57	—
6#	0.079 35	2.37
7#	0.077 39	2.43
8#	0.072 89	2.58
9#	0.067 89	2.47
10#	0.083 95	2.44
基体 2	0.188 05	—
11#	0.061 82	2.59
12#	0.055 30	2.56
13#	0.063 21	2.24
14#	0.071 52	1.98
15#	0.055 52	2.35
基体 3	0.141 57	—

续表 5-10

试样编号	失重量(g)	失重比
16#	0.046 16	2.44
17#	0.041 56	3.07
18#	0.043 66	2.98
19#	0.045 42	2.48
20#	0.038 31	2.94
基体 4	0.112 64	—
21#	0.063 79	2.53
22#	0.073 58	2.02
23#	0.069 77	2.33
24#	0.067 55	2.20
25#	0.094 34	2.31
基体 5	0.148 62	—

从磨蚀试验数据可知,基体与涂层的磨蚀失重比基本在 2 倍以上,涂层的抗磨蚀性能有了一定的改善。在喷涂过程中,单道喷涂厚度约达 3 丝,而一般单道厚度控制在 1.5 丝左右。分析认为,由于在喷涂过程中喷枪移动速度为 750 mm/s,速度过低使单道涂层厚度过厚,导致涂层性能不理想。若想降低单道涂层厚度应提高喷枪移动速度。

对 25 组试样的磨蚀性能利用正交分析法可得如表 5-11 所示结果。超音速等离子制备 WC-10Co4Cr 涂层结合强度因素水平均值见图 5-10。

表 5-11　超音速等离子制备 WC-10Co4Cr 涂层磨蚀正交分析表

试样编号	功率(kW)	氩气流量(scfh)	氮气流量(scfh)	氢气流量(scfh)	送粉率(rpm)	喷涂距离(mm)	失重比
1#	75	320	90	70	3	130	2.53
2#	75	350	100	80	3.5	140	2.24
3#	75	380	110	90	4	150	2.76
4#	75	410	120	100	4.5	160	2.51
5#	75	440	130	110	5	170	2.09

续表 5-11

试样编号	功率(kW)	氩气流量(scfh)	氮气流量(scfh)	氢气流量(scfh)	送粉率(rpm)	喷涂距离(mm)	失重比
6#	80	320	100	90	4.5	170	2.37
7#	80	350	110	100	5	130	2.43
8#	80	380	120	110	3	140	2.58
9#	80	410	130	70	3.5	150	2.47
10#	80	440	90	80	4	160	2.44
11#	85	320	110	110	3.5	160	2.59
12#	85	350	120	70	4	170	2.56
13#	85	380	130	80	4.5	130	2.24
14#	85	410	90	90	5	140	1.98
15#	85	440	100	100	3	150	2.35
16#	90	320	120	80	5	150	2.44
17#	90	350	130	90	3	160	3.07
18#	90	380	90	100	3.5	170	2.98
19#	90	410	100	110	4	130	2.48
20#	90	440	110	70	4.5	140	2.94
21#	95	320	130	100	4	140	2.53
22#	95	350	90	110	4.5	150	2.02
23#	95	380	100	70	5	160	2.33
24#	95	410	110	80	3	170	2.20
25#	95	440	120	90	3.5	130	2.31
均值 1	2.426	2.492	2.390	2.566	2.546	2.398	—
均值 2	2.458	2.464	2.354	2.312	2.518	2.333	—
均值 3	2.344	2.578	2.584	2.498	2.554	2.497	—
均值 4	2.782	2.328	2.480	2.560	2.416	2.588	—
均值 5	2.278	2.426	2.480	2.352	2.254	2.440	—
极差	0.504	0.250	0.230	0.254	0.300	0.255	—

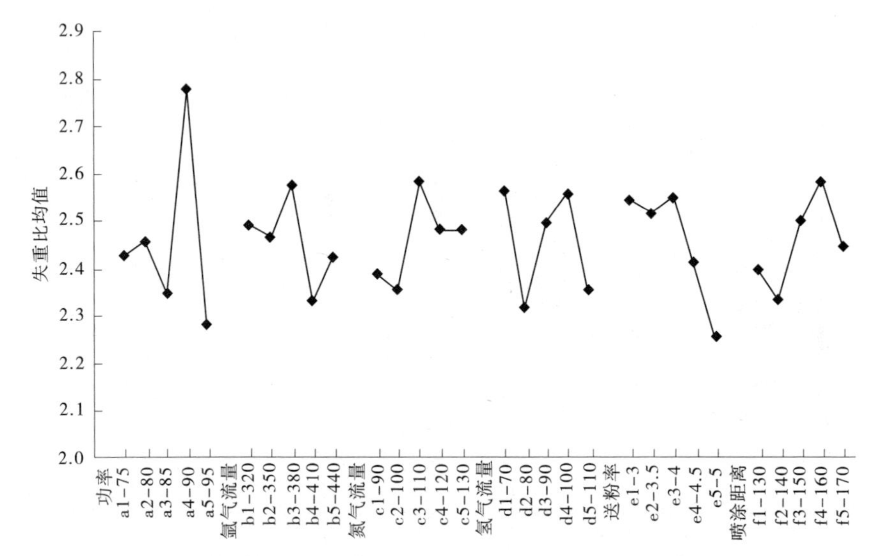

图 5-10　超音速等离子制备 WC-10Co4Cr 涂层结合强度因素水平均值

通过表 5-11 和图 5-10 可知,功率影响下失重比均值最大是 2.782,对应的是水平 4,也就是功率为 90 kW;氩气流量影响下失重比均值最大是 2.578,对应的是水平 3,也就是氩气流量为 380 scfh;氮气流量影响下失重比均值最大是 2.584,对应的是水平 3,也就是氮气流量为 110 scfh;氢气流量影响下失重比均值最大是 2.566,对应的是水平 1,也就是氢气流量为 70 scfh;送粉率影响下失重比均值最大是 2.554,对应的是水平 3,也就是送粉率为 4 rpm;喷涂距离影响下失重比均值最大是 2.588,对应的是水平 4,也就是喷涂距离为 160 mm。通过表 5-11 中极差分析可知,磨蚀影响因素的主次顺序依次是:功率→送粉率→喷涂距离→氢气流量→氩气流量→氮气流量。

通过图 5-10 中超音速等离子制备 WC-10Co4Cr 涂层结合强度因素水平均值并结合表 5-11 分析,可得出 100HE 制备具有较好抗磨蚀性能的 WC-10Co4Cr 涂层的最佳工艺是:功率为 90 kW,氩气流量为 380 scfh,氮气流量为 110 scfh,氢气流量为 70 scfh,送粉率为 4 rpm,喷涂距离为 160 mm。

5.4.5.2　WC-10Co4Cr 涂层磨蚀机制分析

超音速等离子制备 WC-10Co4Cr 涂层中 17#试样的抗磨蚀性能最好,失重比是基体的 3.07 倍。以 17#为例,研究超音速等离子制备 WC-10Co4Cr 涂层的磨蚀机制。

在本试验条件下,沙粒在高速水流中对涂层表面的磨损主要是冲蚀。从图 5-11(a)可以看出,WC-10Co4Cr 涂层经过泥沙冲蚀后涂层表面形成了犁沟和微裂纹,涂层发生了剥落和开裂。在冲蚀过程中,沙粒对涂层表面的作用主要表现为犁削和撞击两方面。细小沙粒的冲击运动,其破坏往往都是从涂层表面的结构性能薄弱区域开始,并且沿着一定的结构缺陷在涂层中逐渐扩大,所以涂层表面微观组织的结构对涂层的耐冲蚀性能有着重要的影响。

(a)×20 000

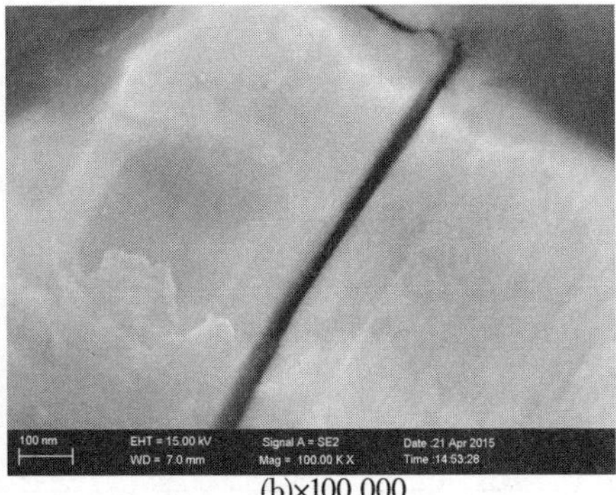

(b)×100 000

图 5-11　WC-10Co4Cr 涂层冲蚀后 SEM 形貌

由于涂层主要是以层状搭接形成的,喷涂前后涂层冷却速度快,快速冷却后必然形成较多的孔隙等缺陷。一般认为,在涂层疲劳磨损过程中,裂纹主要开始于这些“天然”的微观缺陷,对磨痕下方的涂层进行透射电镜分析,发现涂层中疲劳裂纹的扩展方式主要为穿晶扩展。无论是较为粗大晶粒区域还是在非晶—纳米晶区域均出现了较为典型的穿晶断裂形貌,如图 5-11(b)所示。涂层疲劳磨损开裂剥层后底部较为平坦,无河流花样式典型的解理断裂形貌。微观分析显示穿晶断裂为涂层内部疲劳裂纹扩展的主要方式,可知涂层的疲劳磨损断裂方式主要为韧性断裂。同时,剥层边缘也出现了部分台阶状开裂的情况,经微观分析未发现涂层内部存在明显的沿晶断裂,因此所出现的台阶状开裂不是解理裂纹,而是由于涂层成形时层状搭接残留部分层间裂纹,其在接触应力作用下逐步开裂形成了台阶形貌。

5.4.6　耐腐蚀性能

为了测试分析 WC-10Co4Cr 涂层的耐腐蚀性能,对制备的涂层进行电化学试验。表 5-12 为超音速等离子制备 WC-10Co4Cr 涂层的自腐蚀电位和自腐蚀电流密度。可以看出,涂层的自腐蚀电位低于不锈钢基体,说明涂层材料在热力学上的腐蚀倾向要大于不锈钢基体。而大部分涂层的自腐蚀电流密度要小于不锈钢基体,说明涂层的动力学腐蚀速率要小于不锈钢基体。

表 5-12　超音速等离子制备 WC-10Co4Cr 涂层的自腐蚀电位和自腐蚀电流密度

试样编号	E_0(V)	i_{corr}($\times 10^{-7}$ A/cm^2)
1#	-0.279 1	17.6
2#	-0.306 3	12.9
3#	-0.357 2	8.10
4#	-0.333 0	6.35
5#	-0.424 8	3.22
6#	-0.368 8	4.95
7#	-0.387 4	4.10
8#	-0.455 2	11.2
9#	-0.377 9	6.14
10#	-0.368 8	23.6
11#	-0.281 9	11.2
12#	-0.346 1	12.5
13#	-0.376 4	8.90
14#	-0.329 4	14.2
15#	-0.436 7	20.2
16#	-0.375 1	6.92
17#	-0.344 4	17.7
18#	-0.371 1	7.72
19#	-0.377 4	3.68
20#	-0.394 7	9.19
21#	-0.387 5	25.2
22#	-0.356 0	10.7
23#	-0.368 0	21.5
24#	-0.399 2	24.9
25#	-0.376 4	34.2
不锈钢基体	-0.264 5	4.61

为了进一步研究碳化钨涂层的耐腐蚀性能,对不同工艺条件下制备的碳化钨涂层进行了盐雾试验。利用 YWX-150 盐雾试验箱,相同测试条件:腐蚀溶液为 5%NaCl 溶液,加速腐蚀时间为 3 d,盐雾箱内温度为(35±2)℃,盐雾沉降速度为 1~2 mL/h。试验后利用 LE225D 精密电子天平对 25 组正交试样在盐雾试验前后进行称重,得出失重量。涂层的盐雾腐蚀增重情况如表 5-13 所示。

表 5-13　超音速等离子制备 WC-10Co4Cr 涂层盐雾试验增重统计

试样编号	试验前质量(g)	试验后质量(g)	增重量(g)
1#	10.838 04	10.540 65	0.002 61
2#	11.380 39	11.385 38	0.004 99
3#	12.663 83	12.669 06	0.005 23
4#	13.352 44	13.356 04	0.003 60
5#	12.116 70	12.119 27	0.002 57
6#	13.134 77	13.136 11	0.001 34
7#	13.312 18	13.134 92	0.002 74
8#	11.656 63	11.657 73	0.001 10
9#	12.200 26	12.202 64	0.002 38
10#	12.142 72	12.144 43	0.001 71
11#	13.507 91	13.511 74	0.003 83
12#	11.527 35	11.530 89	0.003 54
13#	11.429 14	11.432 81	0.003 67
14#	12.030 16	12.031 06	0.001 00
15#	11.372 77	11.374 65	0.001 88
16#	10.633 94	10.636 35	0.002 41
17#	11.770 12	11.777 75	0.007 63
18#	12.330 60	12.333 11	0.002 51
19#	12.264 04	12.266 06	0.002 02
20#	12.318 41	12.322 15	0.003 74
21#	12.129 41	12.133 60	0.004 19

续表 5-13

试样编号	试验前质量(g)	试验后质量(g)	增重量(g)
22#	11.252 21	11.254 59	0.002 38
23#	11.949 07	11.952 28	0.003 21
24#	12.644 81	12.647 43	0.002 62
25#	12.634 26	12.638 94	0.004 68

从盐雾试验后各试样的增重来看，14#试样涂层增量最小，所以 14#涂层耐腐蚀性能最好。

5.4.7 物相及微观组织分析

图 5-12 为碳化钨涂层的 XRD 图谱，从图谱中发现，碳化钨涂层中 WC 相为主相，但也存在较弱的 W_2C 相的衍射峰，说明在喷涂过程中，WC 相发生了分解脱碳，形成 W_2C 相。W_2C 相硬度高、脆性大，不利于涂层的性能，是喷涂过程中所应尽量避免的。

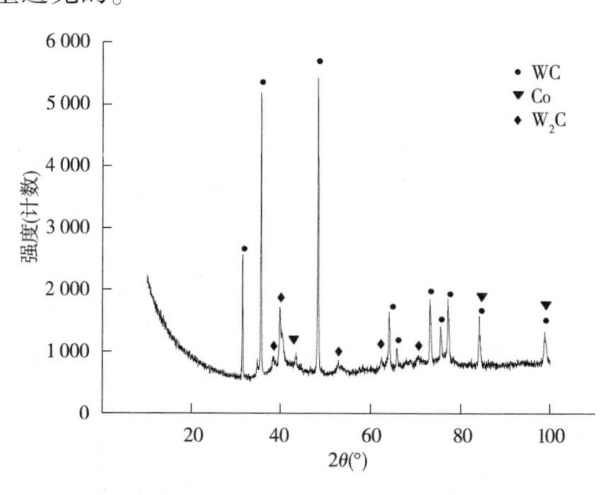

图 5-12 超音速等离子制备的 WC-10Co4Cr 涂层 XRD 图谱

图 5-13 为 WC-10Co4Cr 涂层的微观显微组织图谱。从图 5-13 中可以看出，各涂层与基体连接紧密，所制备的碳化钨涂层均匀，无分层现象，涂层的孔隙较少，表现出良好的致密性。涂层中明显可以看到黏结剂包囊 WC 颗粒，WC 颗粒尺寸较小，小于 1 μm。

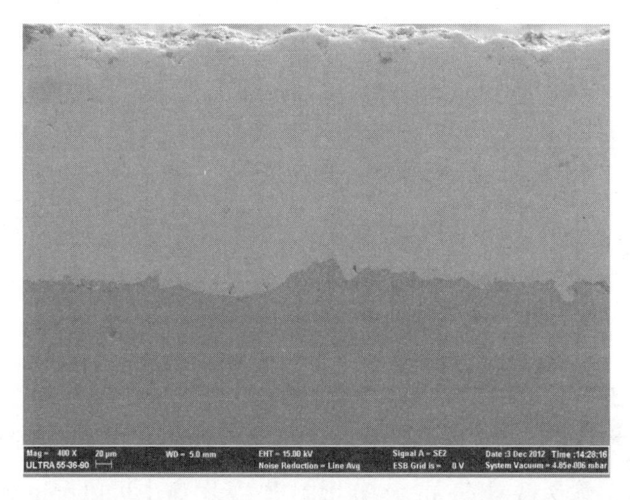

图5-13 超音速等离子制备的WC-10Co4Cr涂层的微观SEM图谱

5.5 涂层制备优化工艺汇总及性能分析

5.5.1 涂层制备优化工艺

根据微米结构WC-10Co4Cr涂层显微硬度、孔隙率、结合强度、抗摩擦磨损性能、抗磨蚀性能,统计其最佳工艺如表5-14所示。

表5-14 100HE高焓等离子制备WC-10Co4Cr涂层最佳工艺

项目	功率(kW)	氩气流量(scfh)	氮气流量(scfh)	氢气流量(scfh)	送粉率(rpm)	喷涂距离(mm)
显微硬度	80	380	110	90	3	170
孔隙率	85	320	100	80	4	130
抗摩擦磨损性能	90	380	130	70	5	150
结合强度	90	350	130	100	4.5	170
抗磨蚀性能	90	380	110	70	4	160

5.5.2 涂层制备优化工艺涂层性能分析

选择了其中摩擦磨损(以下记为1#试样)和磨蚀(以下记为2#试样)的优

化参数制备微米级 WC-10Co4Cr 涂层，并对涂层的孔隙率、显微硬度、结合强度、抗摩擦磨损性能、抗磨蚀性能进行检测，结果如表 5-15 所示。

表 5-15　优化工艺涂层检测结果

试样	孔隙率(%)	显微硬度($HV_{0.2}$)	结合强度(MPa)	抗摩擦磨损性能			抗磨蚀性能		
				涂层失重(g)	基体失重(g)	倍数	涂层失重(g)	基体失重(g)	倍数
摩擦磨损(1#)	0.79	1 200	70	0.000 49	0.060 20	122.9	0.030 53	0.112 64	3.69
磨蚀(2#)	0.77	1 210	72	0.000 42	0.060 20	143.3	0.029 03	0.112 64	3.88

图 5-14 为涂层截面的线能谱分析图谱，从图谱中可以看出，涂层截面的各个元素分布较均匀，未有明显的波动。在截面处元素分布出现阶梯状过渡，说明涂层与基体未发生元素渗透。

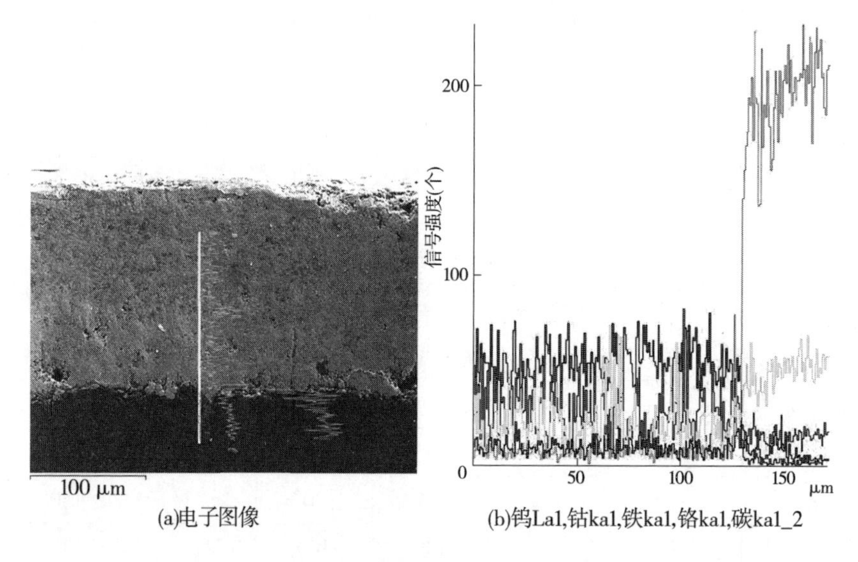

(a)电子图像　(b)钨La1,钴ka1,铁ka1,铬ka1,碳ka1_2

图 5-14　涂层截面的线能谱分析图谱

5.5.3　工艺优化小结

通过以上分析可得出，超音速等离子喷涂系统制备具有优良综合性能 WC-10Co4Cr 涂层的优化工艺是：功率为 90 kW，氩气流量为 380 scfh，氮气流量为 110 scfh，氢气流量为 70 scfh，送粉率为 4 rpm，喷涂距离为 160 mm。

5.5.4　纳米强化表面功能材料

由于纳米材料具有小尺寸效应、表面效应及量子效应,能够显著提高金属陶瓷材料的结合强度和显微硬度,降低涂层孔隙率等。为了进一步提高表面功能材料的性能,改善表面涂层材料在含沙水流环境中的抗磨蚀性能,对纳米WC-10Co4Cr粒子进行再造粒工艺,获得纳米结构团聚体粉末材料。为了对照纳米结构对表面材料性能的强化作用,以前期研究获得的优化工艺(功率:90 kW,氩气流量:380 scfh,氮气流量:110 scfh,氢气流量70 scfh,送粉率4 rpm,喷涂距离:160 mm)对照试验的喷涂工艺,制备纳米结构和微米结构表面涂层材料,并对两种不同结构材料的显微硬度、孔隙率、抗摩擦磨损性能和抗磨蚀性能等进行了测试分析,其结果如表5-16所示。

表5-16　纳米结构和微米结构表面涂层材料性能测试结果

试样	孔隙率(%)	显微硬度($HV_{0.2}$)	结合强度(MPa)	抗摩擦磨损性能			抗磨蚀性能		
				涂层失重(g)	基体失重(g)	倍数	涂层失重(g)	基体失重(g)	倍数
微米结构涂层	0.77	1 210	72	0.000 42	0.060 20	143.3	0.029 03	0.112 64	3.88
纳米结构涂层	0.59	1 229	74	0.000 41	0.060 20	146.8	0.022 85	0.112 64	4.93

从试验数据可知,在显微硬度、孔隙率、抗摩擦磨损性能和抗磨蚀性能方面,纳米结构WC-10Co4Cr涂层比微米涂层有所改善和提高。在抗磨蚀性能方面,由微米结构涂层的3.88倍提高到纳米结构涂层的4.93倍。

5.5.5　超音速等离子喷涂制备稀土掺杂改性涂层

为改善表面功能材料性能和稳定性,在纳米结构粉末中掺杂微量稀土元素对材料进行配方改性,通过三维混合技术对改性配方材料进行成分均匀化处理,保证配方材料的成分均匀性。为了对稀土改性的效果进行了解,用“基于闭环高焓等离子技术制备水力机械表面功能材料系统”制备稀土改性表面功能材料,并与掺杂稀土材料的性能进行对比,工艺如下:功率为90 kW,氩气流量为380 scfh,氮气流量为110 scfh,氢气流量为70 scfh,送粉率为4 rpm,喷涂距离为160 mm。对两种不同结构材料的显微硬度、孔隙率、抗摩擦磨损性能和抗磨蚀性能等进行了测试分析,其结果如表5-17所示。

表 5-17　未改性纳米结构涂层和稀土改性涂层材料性能测试结果

工艺	孔隙率(%)	显微硬度($HV_{0.2}$)	结合强度(MPa)	抗摩擦磨损性能			抗磨蚀性能		
				涂层失重(g)	基体失重(g)	倍数	涂层失重(g)	基体失重(g)	倍数
纳米结构涂层	0.59	1 229	74	0.000 41	0.060 20	146.8	0.022 85	0.112 64	4.93
稀土改性涂层	0.45	1 249	76	0.000 43	0.060 20	140.0	0.029 96	0.112 64	7.75

由表 5-17 中未改性纳米结构涂层和稀土改性涂层材料性能对比数据可知,稀土改性配方制备的表面涂层材料的孔隙率较低,显微硬度、抗摩擦磨损性能及抗磨蚀性能有进一步的提高,整体综合性能有所改善。图 5-15 为稀土改性涂层与未改性涂层材料的显微组织对比,从图 5-15 中可以看出,稀土改性涂层材料的显微组织更致密,未有明显的分层现象和偏聚现象,材料组织更均匀。

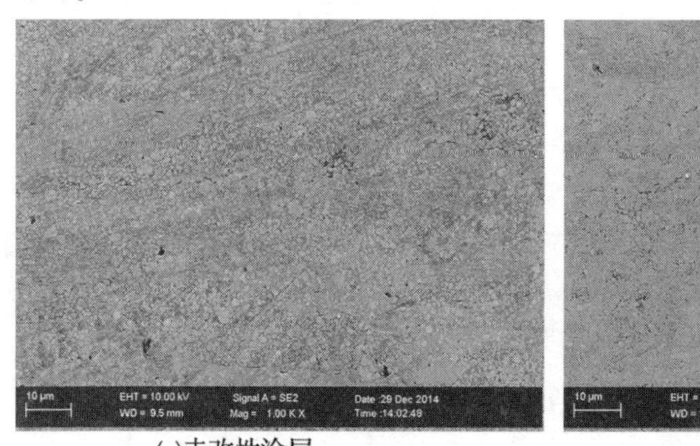

(a)未改性涂层

(b)稀土改性涂层

图 5-15　未改性与稀土改性涂层显微组织对比

5.6　超音速等离子喷涂制备稀土改性 WC-10Co4Cr 涂层的应用

5.6.1　水轮机上的应用

超音速等离子喷涂焰流可高达 6 mach,已达到了常规超音速火焰喷涂技术参数。利用超音速等离子喷涂制备的 WC-10Co4Cr 涂层,具有良好的抗磨、抗蚀性能,可广泛应用到水轮机上。利用优化后的喷涂工艺对浙江省某公司的水轮机抗磨板进行了实际喷涂应用(见图 5-16),取得了良好的效果。

图 5-16　水轮机抗磨板喷涂

经过一段时间使用,利用超音速等离子喷涂系统在抗磨板上制备的稀土改性纳米 WC-10Co4Cr 涂层达到了技术要求,满足了客户的需求,带来了较大的经济效应。

5.6.2　水泵上的应用

超音速等离子喷涂制备的 WC-10Co4Cr 涂层的抗磨、抗蚀性能已经达到常规氧-煤油超音速火焰喷涂制备的 WC-10Co4Cr 涂层的水平。超音速等离子喷涂制备 WC-10Co4Cr 涂层的粉末沉积率可高达 80%,因此该技术具有价格低的优势。在抗磨、抗蚀要求一般的场合,超音速等离子喷涂可取代氧-煤油超音速火焰喷涂。利用优化后的喷涂工艺对水泵的抗磨环、水泵叶轮进行了实际喷涂应用(见图 5-17),取得了良好的效果。

图 5-17　水泵过流部件喷涂

5.7 小　结

本研究利用微米 WC－10Co4Cr 粉末、纳米 WC－10Co4Cr 粉末、稀土改性 WC－10Co4Cr 粉末开展了超音速等离子喷涂工艺研究。首先利用微米 WC－10Co4Cr 粉末开展了正交工艺试验，研究测试了所制抗磨蚀涂层的显微硬度、孔隙率、结合强度、抗摩擦磨损性及抗磨蚀等性能。通过场发射扫描电子显微镜（FESEM）观察涂层微观组织形貌及磨蚀形貌，探讨了 WC－10Co4Cr 涂层的作用机制、磨损机制、拉伸断裂机制、磨蚀机制等。优化了正交工艺，选取两组优化工艺，制备了微米结构 WC－10Co4Cr 涂层和纳米结构 WC－10Co4Cr 涂层，分析比较了显微硬度、孔隙率、结合强度、抗摩擦磨损性及抗磨蚀等性能，并选出了超音速等离子喷涂制备 WC－10Co4Cr 的最佳工艺。通过该最佳工艺制备并分析比较了纳米结构 WC－10Co4Cr 涂层（未改性）和稀土改性 WC－10Co4Cr 涂层的抗磨蚀性能，并在水轮机抗磨板和水泵上进行了工程应用，取得了良好效果。

利用超音速等离子喷涂制备的稀土掺杂改性纳米金属陶瓷涂层具有以下优点：

（1）研究实现了稀土改性纳米 WC－10Co4Cr 涂层的黏结强度为 76 MPa；涂层的平均显微硬度达到 1 249 $HV_{0.2}$；涂层平均孔隙率为 0.45%；涂层的抗磨蚀性达基体的 7.75 倍。

（2）通过掺杂适当量的稀土粉末后，有利于提高纳米 WC－10Co4Cr 涂层的结合强度、抗磨蚀性能等。

（3）稀土改性涂层的磨损、磨蚀机制主要为：稀土的掺杂有效地提高了喷涂粉末粒子分布的均匀性，改善了涂层的致密度，提高了涂层在抗摩擦磨损和抗磨蚀等方面的性能。

（4）研究开发的超音速等离子稀土改性抗磨蚀涂层材料配方及工艺成功实现在水轮机及水泵上的抗磨蚀强化，提高了基体材料的抗磨蚀性能。

第 6 章　涂层抗泥沙冲蚀性能检测方法研究及应用

冲蚀是由多相流动介质中小而松散的流动固体粒子冲击材料表面而造成的磨损。按照流动介质的不同,将冲蚀分为气相流冲蚀、液相流冲蚀和多相流冲蚀。其中,气相流冲蚀是指气流挟带固体粒子冲击材料表面而造成的磨损;液相流冲蚀是指液流挟带固体粒子冲击材料表面而造成的磨损;多相流冲蚀是指气、液复合流挟带粒子冲击材料表面而造成的磨损。因此,也把气、液、固三相复合流体冲击材料表面的磨损现象称为三相流冲蚀,三相流冲蚀广泛存在于水力机械行业中。

6.1　冲蚀磨损机制概述

水力机械的冲蚀行为非常复杂,其影响因素众多。通过研究总结,主要影响因素包括以下四个方面:

(1)磨粒种类、粒度、硬度、锐度、密度、几何形状、表面粗糙度等。

(2)液相介质的流速、攻角、流态等。

(3)气相介质的流速、攻角、压力等。

(4)流体介质的 pH、环境温度、冲蚀时间、溶氧量等。

水力机械的冲蚀主要表现为三相流冲蚀,不同于干磨损,规律非常复杂。虽然世界各国的研究人员进行了大量的试验,但是因为影响冲蚀的因素众多,复杂性强,目前还没有一个公认的、普遍适用的机制和公式可以预测材料的抗冲蚀性能。当前比较流行的看法有:1958 年 Finnie. I 提出的微切削磨损;Levy. A. V 等提出的薄片剥落磨损理论;Bitter 提出的变形磨损理论;Tilly 通过筛分法、高速摄影技术与电子显微镜技术提出的可能产生第二次冲蚀,以及其他各种冲蚀机制。但这些机制都是在理想条件下得出的,而实际工况非常复杂,导致这些理论虽具有一定的试验基础,能够解释一些试验现象,但是也都具有一定局限性。

6.2　冲蚀试验系统及测试分析、评定方法

在水力机械表面抗冲蚀新材料的研究过程中,需要进行大量的冲蚀对比试验,来测试分析各种新材料的冲蚀数据及其性能,论证新材料配方和新工艺,进一步指导抗冲蚀材料的研究工作。鉴于此,国外研究人员从 20 世纪 60 年代就开始研究适用于实验室的冲蚀检测设备及其测试分析方法、评价标准,产生了“悬浮液喷射磨蚀试验装置”“显微摩擦电化学试验方法”等一系列冲蚀测试分析试验方法及其设备,但由于这些测试分析方法无法模拟实际水、沙、气三相流工况环境,在试验过程中产生的冲蚀过程与实际情况下的冲蚀现象存在较大差异,故而试验效果不理想,难以得到准确的冲蚀数据和性能分析试验结果。目前,我国水利机械装备的抗冲蚀性能测试分析研究主要通过搭建大型冲蚀测试试验装置来进行试验分析,如水轮机的水试台等。这些装置系统可以较好地模拟实际三相流工况环境下的冲蚀行为,但该类设备占地面积大、搭建费用高、单次测试成本大(每次测试需制作一个小比例模型,需花费 50 万~60 万元)、试验周期长(每次试验时间长达 5 个多月)。这些缺陷的存在使得材料冲蚀性能测试分析试验无法大量开展,严重制约了新型抗冲蚀纳米涂层材料的研发工作和冲蚀问题的解决。

水利部杭州机械设计研究所一直从事水轮机等水利机械装备抗冲蚀材料研究、冲蚀机制研究、冲蚀测试方法及标准研究等科研工作。依据三相流冲蚀原理,以及流体力学、机械设计制造、水工等原理,并结合国内外冲蚀测试设备的研究成果,设计研发出了三相流冲蚀试验分析系统,申请了浙江省测试类公益性项目,并顺利通过验收。该系统可以很好地模拟真实水、沙、气三相流工况环境的冲蚀产生、发展、溃灭过程,利用该冲蚀测试系统、扫描电子显微镜、高精度称量系统(称量精度 0.01 mg)分析可得到涂层冲蚀动力学曲线、材料冲蚀表面微观形貌等试验数据,通过动力学曲率指标对纳米涂层抗冲蚀性能进行分析和评价,分析效率高。

6.2.1　三相流冲蚀系统

水利部杭州机械设计研究所开发了 SQC-200 三相流纳米涂层材料冲蚀试验系统,该系统通过伺服电机控制转速,试样夹具控制角度,不同泥沙含量配比以及不同气体量,模拟试样在不同转速、不同冲蚀角度、不同泥沙含量、不同气体量下,水、石英砂、气体三者共同对涂层表面的冲击作用。在不同的电

机转速、冲蚀角度、泥沙含量、气体流量下进行试验,利用高精度称量系统对涂层样品重量进行测量以获得样品质量损失率随时间的变化过程,并结合显微镜系统,利用扫描电子显微镜对涂层形貌观察,用质量损失率指标对纳米涂层三相流中纳米涂层材料抗冲蚀试验系统性能进行比较、评价。

SQC-200三相流冲蚀试验系统主要组成分别是伺服电机及传动系统,试样夹具、控制系统,气体动力系统等。系统结构见图6-1;试样夹具见图6-2。

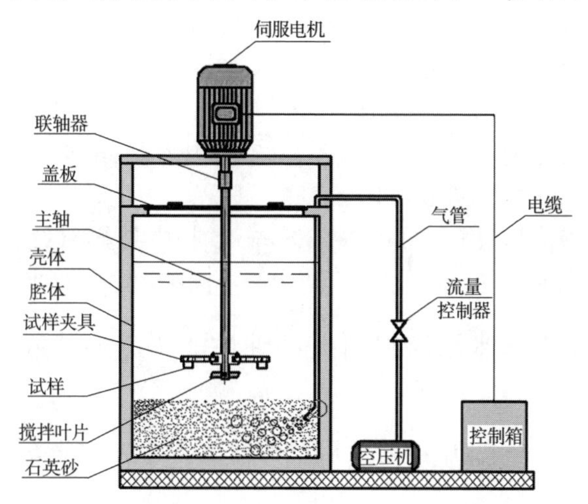

图6-1 三相流纳米涂层冲蚀试验系统示意

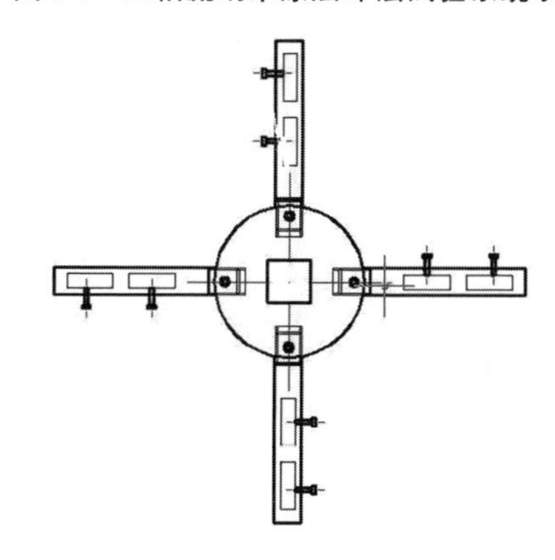

图6-2 三相流冲蚀试样夹具

SQC-200三相流冲蚀试验系统可以模拟水轮机叶片、水泵叶轮等实际工况,直观反映出材料在水、石英砂、气体三相流复合系统中受到冲蚀后的磨损情况及材料的抗冲蚀性能。操作简便,控制精度高。样品盘一次可夹持8个样品。

系统主要技术参数如下：

(1)SQC-200三相流冲蚀试验系统采用变频器可无级调节电机主轴转速。

(2)SQC-200三相流冲蚀试验系统采用空压机系统在料浆中注入空气。

(3)SQC-200三相流纳米磨损试验机技术指标。

(4)主轴转速:200~1 000 r/min。

(5)料浆罐尺寸:Φ250 mm×335 mm。

(6)样品尺寸:18.8 mm×25 mm×3.3 mm。

(7)样品盘尺寸:140 mm。

分析系统及主要技术参数如下：

(1)称量系统主要技术参数。称量系统采用德国sartorius电子分析天平，精度等级为0.1 mg,量程为0~110 g。

(2)涂层形貌检测系统。采用Zeiss Supra55扫描电子显微镜(SEM)对冲蚀后不同涂层表面的形貌进行对比观察,以分析不同结构涂层的冲蚀失效机制。

6.2.2 三相流中纳米涂层材料抗冲蚀性能快速测试分析方法

6.2.2.1 范围

本方法规定了三相流中纳米涂层抗冲蚀试验方法的设备、试样、试验步骤、评定和计算。

本方法适用于三相流中纳米涂层抗冲蚀性能的测定。

6.2.2.2 设备

1.三相流冲蚀试验系统

SQC-200三相流冲蚀试验系统主要由三部分组成,分别是伺服电机及传动系统,试样夹具、控制系统,气体动力系统等。系统结构见图6-1,试样夹具见图6-2。

2.量具

采用电子天平作为称量工具,其精度等级应不低于0.1 mg。采用显微镜及照相法作为试样孔隙率的检测工具及检测方法。

6.2.2.3 试样

试样的尺寸为(25 mm±0.1 mm)×(18.8 mm±0.1 mm),厚度为3.3 mm±0.1 mm。

6.2.2.4 试验步骤

1.样品清洗

使用工业酒精或者丙酮对制备好的涂层样品进行清洗,清洗完成后放入烘箱烘干(温度设置为60~80 ℃),然后在烘箱内自然冷却到常温。

2. 样品原始称重

采用精度为0.1 mg的高精度称量系统对样品进行称重,记录每一个样品的原始质量。

3. 样品原始试样基本性能测试

测试原始试样的孔隙率、显微硬度。

(1)孔隙率:测10个点取平均值。

(2)显微硬度:测10个点取平均值。

4. 设置试验参数,进行试验

根据试验需要,石英砂和水按一定比例称重,倒入料浆罐中充分混合;试样夹持在夹具上,调节试样的冲蚀角度;设置电机频率(转速),设置通入的气体流量,即可实现在不同的电机转速、冲蚀角度、泥沙含量下的三相流纳米涂层材料抗冲蚀试验。

5. 冲蚀试样称重

采用精度为0.1 mg的高精度称量系统对样品进行称重,记录样品原始质量,取平均值。

6. 冲蚀试样性能测试

对冲蚀试样用酒精采用超声波清洗、烘干,在扫描电子显微镜下观察涂层形貌。

7. 试验报告

三相流中纳米涂层抗冲蚀报告一般应包含以下内容:

(1)送样单位名称;

(2)试样批号,试样编号,基体材料牌号;

(3)涂层材料及编号;

(4)涂层孔隙率,显微硬度,质量损失率,涂层形貌SEM测试,涂层冲蚀机制分析;

(5)试验人员,试验时间。

6.2.3　三相流中纳米涂层抗冲蚀性能评价方法

6.2.3.1　范围

本方法规定了三相流中纳米涂层抗冲蚀性能的评定。

本方法适用于三相流中纳米涂层抗冲蚀性能的测定。

6.2.3.2　设备

1. 三相流冲蚀试验系统

SQC-200 三相流冲蚀试验系统主要由三部分组成,分别是伺服电机及传动系统,试样夹具、控制系统,气体动力系统等。系统结构见图 6-1,试样夹具见图 6-2。

2. 量具

采用电子天平作为称量工具,其精度等级应不低于 0.1 mg。采用显微镜及照相法作为试样孔隙率的检测工具及检测方法。

6.2.3.3　试样

试样的尺寸为(25 mm±0.1 mm)×(18.8 mm±0.1 mm),厚度为 3.3 mm±0.1 mm。

6.2.3.4　评定和计算

1. 评定

1) 失重法(涂层质量损失率评定)

根据试验需要,每隔一段时间取出样品,进行称重分析。称重前采用烘箱烘干(温度设置为 60~80 ℃),并进行自然冷却。将冷却后的样品进行称重分析。根据获得的涂层质量损失,计算出涂层失重率,绘制涂层失重率—时间曲线。

2) 体积损失法

采用三维形貌仪对试验前后涂层表面进行观察,并计算试验前后体积的损失量。由于该方法使用到的三维形貌仪设备较为昂贵,拥有该设备的企业较少,且体积损失可以通过计算质量损失、材料密度进行换算,故评价指标不建议使用该方法。

3) 涂层形貌

对冲蚀试样用酒精采用超声波清洗、烘干,在扫描电子显微镜下观察涂层形貌,并分析三相流冲蚀机制。

2. 计算

涂层质量损失率计算:

$$S_{i损} = \frac{S_i - S_{原}}{S_{原}} \times 100\% \tag{6-1}$$

式中　$S_{i损}$——涂层冲蚀试验后第 i 个时间的涂层质量损失率(%);

S_i——涂层冲蚀试验后第 i 个时间的质量;

$S_{原}$——涂层原始质量。

3. 结果处理

涂层质量损失率差值计算结果精确到 0.01%。

6.2.3.5　试验报告

三相流中纳米涂层抗冲蚀性能试验报告一般应包含以下内容：

(1)送样单位名称；

(2)试样批号,试样编号,基体材料牌号；

(3)涂层材料及编号；

(4)涂层孔隙率,显微硬度、质量损失率、涂层形貌 SEM 测试、涂层冲蚀机制分析；

(5)试验人员,试验时间。

6.3　水力机械表面涂层抗冲蚀性能检测方法的应用

该抗冲蚀性能检测方法具有普适性,可用于各种方法制备的涂层的抗冲蚀性能测试分析,如超音速热喷涂、等离子喷涂、电弧喷涂、爆炸喷涂、激光熔覆、激光淬火、渗氮、镀膜、气相沉积等各种方法制备的涂层;也可用于不同材料间的抗冲蚀性能分析对比;也适用于各种材料的抗冲蚀性能测试分析及对比,如金属、金属陶瓷、陶瓷、高分子材料等。

我们以爆炸喷涂制备 WC-12Co 涂层为例。依据三相流中纳米涂层材料抗冲蚀性能快速测试分析方法要求,将 1 块 WC-12Co 涂层样板切割出 3 块 18.8 mm × 25 mm 的冲蚀试样,并切割 3 块同样大小的基体(ZG00Cr13Ni5Mo)。将基体与涂层在酒精中进行清洗,清洗完成后放入烘箱烘干(温度设置为 60~80 ℃),然后在烘箱内自然冷却到常温。采用电子天平作为称量工具,其精度等级为 0.01 mg,称量记录试样和基体的质量,为冲蚀前的质量。设置试验参数:气体量为 5 L/min、含沙量为 40%、转速为 20 Hz(1 120 r/min)、冲蚀角度为 90°,测试时间为 6 h。

冲蚀试验完成后再将涂层和基体清洗称重,得到冲蚀后的质量。冲蚀前后的质量变化量就是涂层和基体的冲蚀失重量。具体试验结果如表 6-1 所示。

表 6-1　WC-12Co 涂层和基体的冲蚀质量损失

试样	冲蚀前质量(g)	冲蚀后质量(g)	失重量(g)	损失率(%)
基体	11.945 72	11.573 91	0.371 81	3.11
WC-12Co 涂层	11.483 39	11.405 33	0.078 06	0.68

由表 6-1 可知,基体失重量是 371.81 mg,质量损失率是 3.11%,涂层失重量是 78.06 mg,质量损失率是 0.68%,从失重量上说明 WC-12Co 涂层的抗冲蚀性能是基体(ZG00Cr13Ni5Mo)的 4.76 倍。

涂层经过 4 h 高速水流泥沙冲蚀试验后,置于扫描电子显微镜下观察,结果如图 6-3 所示。从图 6-3(a)、(b)可以看出,WC-12Co 涂层经过泥沙高速冲刷后,表面形成了犁沟状,并伴有微裂纹。由于涂层是由熔融或半熔融的金属液滴高速碰撞而扁平化后,以层状搭接结构构成的,而在这些层状搭接部位易形成孔隙等缺陷,这些缺陷往往是涂层结构性能的薄弱区域。涂层在高速水流泥沙冲蚀下,薄弱区域首先发生破坏,裂纹也主要从这些微观缺陷开始,随着冲蚀时间的积累,涂层中的结构缺陷逐步扩大,最终导致涂层的脱落。

(a)　(b)　(c)　(d)

图 6-3　WC-12Co 涂层冲蚀后的 SEM 形貌

图 6-3(c)、(d)为高倍电子显微镜下的观察结果,涂层无河流花样、舌状花样解理断裂形貌。微观分析发现涂层中的疲劳裂纹的扩展方式主要为穿晶断裂扩展。同时剥落层边缘出现了部分台阶状开裂,经微观分析未发现涂层

内部存在明显的沿晶断裂,这主要是涂层成形时层状搭接残留部分层间裂纹,在循环接触应力作用下逐步开裂脱落形成了台阶形貌。

利用 CCDS-2000 爆炸喷涂技术制备的 WC-12Co 涂层,组织致密,孔隙率低,硬度与结合强度较高。冲蚀浆料中的沙粒首先将涂层中硬度较低的黏结相 Co 冲刷掉,涂层中硬质相 WC 便凸显出来。从图 6-3(d)中可以明显看到裸露在外的灰白色 WC 颗粒。而这些 WC 硬质颗粒在冲蚀过程中受高速泥沙的反复冲击出现破碎,并与黏结相剥离最终脱落,造成了涂层的冲蚀磨损。

第 7 章　涂层抗空蚀性能检测方法研究及应用

7.1　空化与空蚀的发生机制

7.1.1　空化的基本概念与发生机制

在静止或流动的液体中,当液体内局部压力降低到一定限度时,液体内部发生体积破坏,产生空泡或空穴,这一物理现象称为空化。

空化只发生在液体中,液体对应发生空化状态的压力称为空化压力。液体内因压力降低而产生第一批气泡时的空化压力称为初生空化压力;当液体产生大量气泡而使水处于沸腾状态时的空化压力称为临界空化压力,这里的气泡指的是气核膨胀的气泡,不是蒸汽气泡。空化可以分为三个阶段:空泡的产生、空泡的发展、空泡的溃灭。空化有不同的分类法。如按动力特性可分为游移型空化、固定型空化、旋涡型空化和振动型空化;按外貌特征可分为泡状空化、片状空化、斑状空化、条纹状空化、团状空化、雾状空化、梢涡空化和毂涡空化等;按发展阶段可分为临界空化、局部空化和超空化等。

空化过程中,液体内部发生了体积破坏,纯水的水体破坏最大张应力为:

$$P_D = \frac{2\tau}{R_m} \tag{7-1}$$

式中:τ 为表面张力,在标准状态下水的表面张力 $\tau = 7.4\times10^{-3}$ kg/m;R_m 为表面张力作用的有效距离,对于水来说,$R_m = 10^{-10}$ m。

根据式(7-1)可求得纯水的表面最大张应力 P_{max} 为 14 800 kg/cm^2,可见纯水的空化压力值很高,是不可能发生空化的。

7.1.2　空化的影响因素

在自然界水中,存在一定量的空气、固体颗粒、可溶与不可溶的化合物,这些物质降低了水的体积强度。水中的这些物质会形成数量众多、肉眼难以分辨的气核。当水中压力降低至空化压力时,气核会膨胀、破裂,发生空化。研究表明,水的空化压力大小与水中气核的数量、大小密切相关。

7.1.2.1　泥沙浓度

天然水中一般都含有固体杂质,如在我国西北地区,含沙水中存在大量不同颗粒直径的泥沙。沙粒表面凹凸不平,存在肉眼不能分辨的缝隙,缝隙中含有大量不同尺寸的气核。研究表明,在其他条件不变的情况下,含沙浓度越高,气核数量越多,越容易发生空化,表 7-1 为八盘峡水电站不同泥沙浓度下的初生空化压力与临界空化压力平均值。

表 7-1　八盘峡水电站不同泥沙浓度下的初生空化压力与临界空化压力平均值

泥沙浓度(kg/m^3)	1.8	3.8	5.8	7.8	9.8	11.8
初生空化压力(m)	5.73	6.01	6.58	7.10	7.56	8.22
临界空化压力(m)	0.67	1.01	1.43	1.77	2.16	2.72

从表 7-1 中可以看到,在不同的泥沙浓度下,初生空化压力与临界空化压力相差较大,泥沙浓度越高,初生空化压力与临界空化压力平均值越高,越容易发生空化。

7.1.2.2　泥沙粒径

表 7-2 为三种不同粒径泥沙颗粒在相同浓度 8 kg/m^3 下各自的初生空化压力值。

表 7-2　不同粒径泥沙初生空化压力值　(单位:m)

粒径	试验次数					
(mm)	1	2	3	4	5	6
0.045~0.053	5.87	6.04	6.21	5.95	5.78	6.13
0.053~0.075	5.35	5.44	5.27	5.35	5.18	5.26
0.075~0.100	5.18	5.10	5.10	5.01	5.10	5.01

表 7-3 为三种不同粒径泥沙颗粒在相同浓度 8 kg/m^3 下各自的临界空化压力值。

表 7-3　不同粒径泥沙临界空化压力值　(单位:m)

粒径	试验次数					
(mm)	1	2	3	4	5	6
0.045~0.053	1.49	1.66	1.74	1.57	1.49	1.66
0.053~0.075	1.06	1.06	1.14	1.00	1.06	1.06
0.075~0.100	0.62	0.71	0.54	0.80	0.63	0.80

由表 7-2 和表 7-3 可知,随着泥沙粒径的增大,水的初生空化压力和临界空化压力随之减小,这是由于泥沙颗粒表面存有缝隙,在这些缝隙中含有一定数量的气体核子,在泥沙含量相同的情况下,泥沙粒径越小则含有的泥沙颗粒数量越多,沙粒表面积就越大,泥沙颗粒表面所含有的缝隙就越多,沙粒表面存在的气核也就多。随着试管中压力的减小,其就更容易发生空化现象,即其空化压力值也就会越高。

泥沙浓度、泥沙粒径大小对初生空化压力和临界空化压力影响很大。朱茹莎等通过空化压力测定仪、显微镜观测装置、高速摄像机来测量单个沙粒的水样发生空化现象的整个过程,如图 7-1 所示。

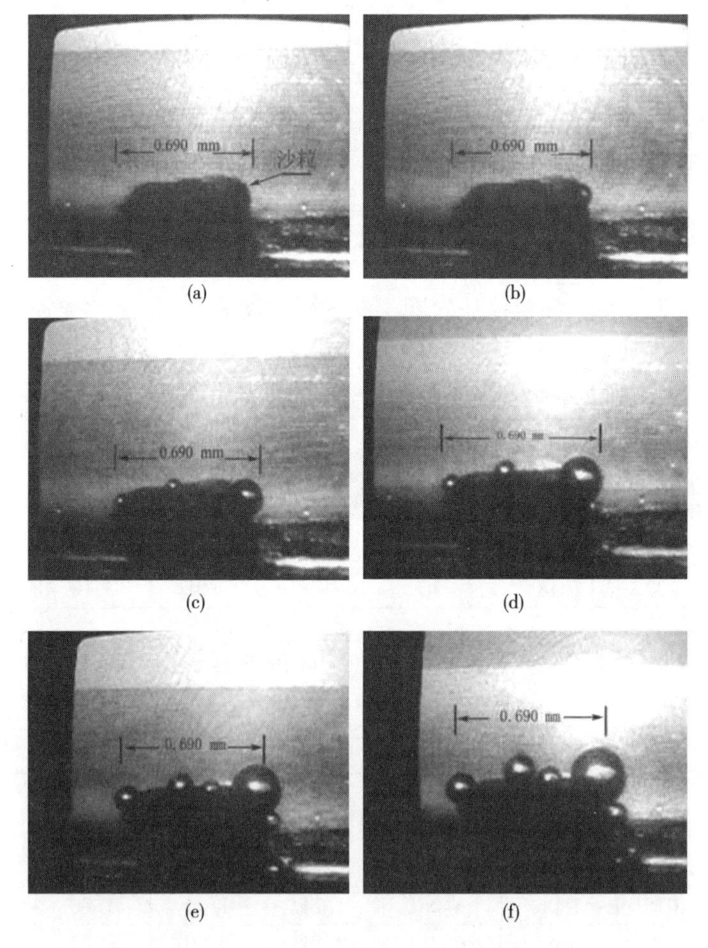

图 7-1　单个沙粒表面的空化过程

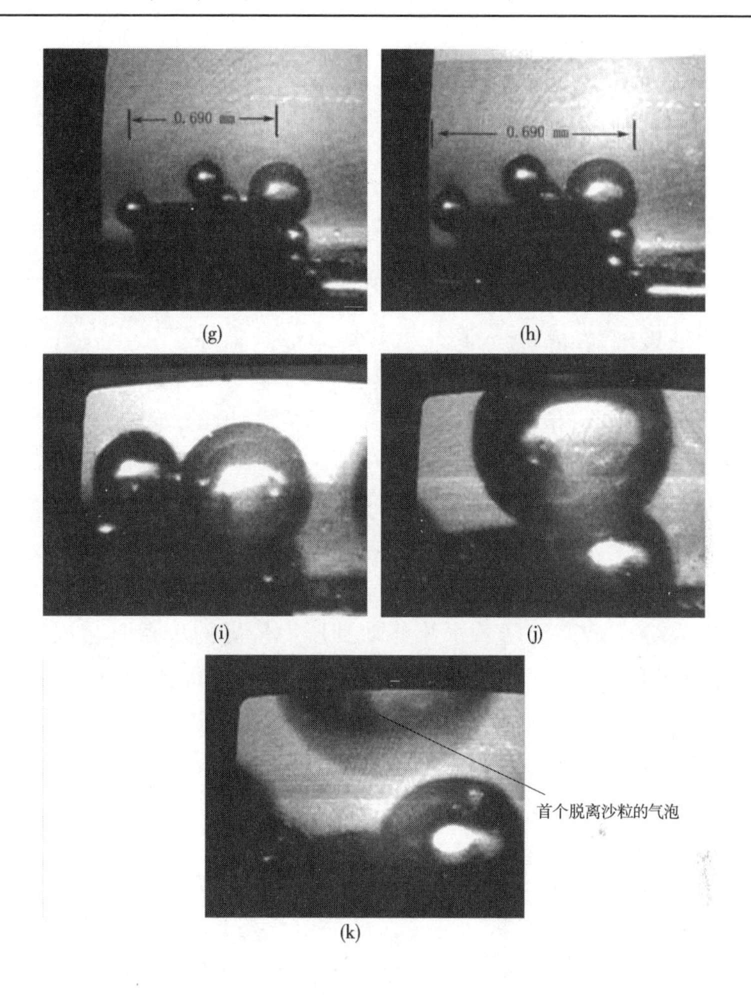

(g) (h)

(i) (j)

(k)

续图 7-1

从图 7-1 可以看到,浑水中含有固相介质会使液体产生空化,随着试管内压力的降低,存在于沙粒表面缝隙中的气体核子便会析出,并随着水体压力的减小其体积逐渐膨胀,且气核会从沙粒表面的缝隙中析出,随着压力的进一步降低,气泡直径继续增大,数量继续增多,最终脱离沙粒表面,使水体发生空化。

7.1.2.3 海拔

海拔对水的初生空化压力与临界空化压力也有较大的影响。研究表明,水在不同海拔下初生空化压力与临界空化压力是不同的,表 7-4 所示为 6 种水试样实测的初生空化压力与临界空化压力的平均值。

表 7-4　6 种水试样实测的初生空化压力与临界空化压力的平均值

地点	北京	青铜峡	八盘峡	龙羊峡	拉萨	那曲
海拔(m)	35	1 132	1 552	2 448	3 648	4 507
初生空化压力(m)	4.12	4.87	5.3	5.68	6.47	7.23
临界空化压力(m)	0.25	0.48	0.58	0.74	0.94	1.19

由表 7-4 可见,海拔越高,初生空化压力值和临界空化压力值越高,越容易发生空化。研究表明,这是由于海拔越高,宇宙射线电离量越大,清水中气核的数量与尺寸越大,清水中的气核是宇宙射线辐射的结果。

7.2　水力机械的空蚀及分类

在叶片式水力机械中,过流部件由于流速较高、压力较低,极易发生空化。当空化产生的空泡或空穴随着水流移动到压力较高的位置时会崩解,并产生微观冲击压力,如果空泡或空穴崩解的部位发生在固体表面处,并长时间、持续性地微观冲击,会使材料表面疲劳破坏,这种破坏称为空蚀。在所有以液体特别是水为工作介质的机械与设备,如水轮机、泵、水工建筑物中都存在空蚀造成的构件表面破坏、材料流失以及设备性能变坏,从而造成大量的经济损失。

空化的剥蚀作用是一个缓慢连续的过程。无论多么坚硬的材料都会在空化的作用下逐渐被剥蚀,导致机械设备的使用寿命大大缩短。虽然,目前对于空蚀破坏机制尚无统一的认识,但一般的看法是三种破坏作用的结果:机械作用、化学腐蚀作用和电化学作用。

机械作用是三种作用中最主要的一种。空蚀发生时,气泡随着水流进入高压区以后迅速凝缩、溃裂,气泡破裂与凝聚非常迅速,周围水流高速冲向气泡中心,水流质点相互剧烈撞击,局部压力急剧升高,可达几十个甚至几百个标准大气压产生高频的微观水击,并且周期性地像尖刀一样打击着过流部件的金属表面,这种重复的机械作用使材料超过疲劳极限而产生破坏。对于含沙水流,当空泡或空穴崩解时,发生的微观水击常伴有泥沙,沙粒对固体壁面高频高速撞击,加速了材料的破坏。由于泥沙硬度高、比重大,对材料的冲击比水击强度要大,因而在含沙水流中工作的水轮机、水泵在微观水击和泥沙撞击的双重作用下过流部件会遭到更严重的空蚀破坏,这是一种在含沙水流中工作的过流部件所特有的空化、空蚀现象。

在叶片式水力机械工作过程中，当水流空化造成金属表面受高压冲击时，水会渗入材料的晶格间隙，当压力降低时，水又会从材料的内部被挤出来，这样不断交替循环，材料表面就会产生交变应力，从而使材料表面产生机械疲劳而破坏。在水轮机运行过程中，随着时间的推移，在转轮和某些过流部件的局部表面上，开始时表面金属失去光泽而变成灰暗色，接着形成深度一般在 1～2 mm 内的针孔状（麻点状），进一步发展成海绵状（蜂窝状）；材料的破坏一般从表面光洁度较差和结晶组织比较疏松的部位开始，逐渐扩大、深入和加剧，有时材料甚至会遭到大面积破坏，甚至穿孔。许多材料的疲劳极限在水中要比空气中小得多，例如铸铁在水中的疲劳极限仅为空气中的一半。因此，在空蚀情况下，材料破坏的速度是相当惊人的。

化学腐蚀作用和电化学作用，是指气泡在高压区被压缩时，由于体积缩小和水流质点的相互撞击，以及水击压力对金属表面的冲击等，产生局部温度升高，促进了金属表面的氧化，在金属晶体中引起了热电偶和电位差，因而对金属表面产生了电解作用。化学腐蚀作用和电化学作用加速了机械破坏的进程。

长时间遭到空蚀的金属部件表面，呈现蜂窝状与鱼鳞状的破坏，有时侵蚀深度达数十毫米。图 7-2（a）为水泵叶轮表面鱼鳞状空蚀凹坑图片；图 7-2（b）为水轮机转轮叶片表面蜂窝状空蚀凹坑图片。大型水轮机转轮遭空蚀破坏严重时，需要进行大修，大修消耗的电焊条数量达数吨或数十吨，工程量巨大，检修时间长。空蚀不但造成水力发电设备因停机检修带来的发电损失，还造成了水体的金属污染。

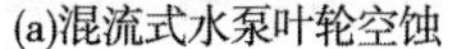

(a)混流式水泵叶轮空蚀

(b)水轮机叶片空蚀

图 7-2　水力机械表面空蚀图片

7.2.1 水轮机的空蚀及其分类

水轮机的空蚀,主要发生在流速较高的转轮通道区域,以及转轮与其配合的静止部件上。在导水机构、尾水管等过流部件上,有时也发生空蚀。由于转轮为旋转部件,转轮区域中的流动比较复杂,因此转轮上发生的空蚀比一般静止绕流物体上发生的空蚀复杂得多。根据空蚀在水轮机中发生的部位不同,有翼型空蚀、空腔空蚀、局部空蚀和间隙空蚀等4种。

7.2.1.1 翼型空蚀

翼型空蚀主要是由叶片翼型的形状所引起的,它是反击式水轮机最主要的空蚀形式。反击式水轮机的转轮叶片,沿流线方向的截面为空气动力型,水流绕叶片流动使其正面和反面造成压差,从而使转轮获得力矩,一般叶片正面大部分为正压,叶片背面为负压。当叶片背面压力降低至汽化压力时,就会发生翼型空蚀,产生大量汽泡,破坏水流正常连续性流动,导致机组出力和效率的降低。另外,由于叶片制造表面粗糙度等,产生的翼型空蚀将使轮叶形成蜂窝状孔洞,如不及时检修,可导致叶片击穿而破坏。翼型空蚀一般发生在叶片背面出水边下半部靠轮环处和叶片背面与轮毂靠近处。常用翼型空蚀系数来描述水轮机的空蚀性能。

7.2.1.2 空腔空蚀

空腔空蚀是由于尾水管内的水流旋转,使中心空腔处形成了真空而造成的。主要原因是水轮机在非设计工况下(在水轮机出力的5%限制线以外)运行时,破坏了水轮机的法向出口,产生了脱流和旋涡,再加上整个转轮出口的旋转水流,在转轮出口和尾水管进口形成一个涡带,其中心产生很大压降,当降至汽化压力时,便产生了空腔空蚀。这种涡带以一定的频率在尾水管内旋转,其中心的真空带周期性地冲击尾水管的四周,造成对尾水管壁的空蚀破坏,产生周期性的压力波动,形成强烈的噪声、金属打击声、轰隆声或雷鸣声,甚至发生放电、闪光现象,严重时会引起机组的强烈振动,影响水轮机的稳定运行。空腔空蚀通常发生在水轮机座环内侧和尾水管上半段。

7.2.1.3 局部空蚀

局部空蚀是水流在不平整表面绕流时,由于局部压力降低而产生的空蚀。在轴流转桨式水轮机中,局部空蚀发生在转轮室连接不平滑台阶有凹陷处及凹凸叶片固定螺钉处。

7.2.1.4 间隙空蚀

间隙空蚀是水流通过某些间隙或较小的通道,因局部流速升高,压力降低到汽化压力时而产生的。反击式水轮机常发生在导叶端部间隙处和转轮止漏环间隙处、轴流转桨式水轮机叶片和转轮室的间隙处。间隙空蚀破坏范围一般较小,但在水轮机运行中表现较突出。在间隙空蚀的作用下,转轮室、叶片周缘、叶片法兰下表面以及转轮体的局部发生破坏,高水头的水电站破坏较为严重。

7.2.2　水泵的空蚀及其分类

水泵在运转中,若其过流部分的局部区域(通常是叶轮叶片进口稍后的某处)因为某种原因,抽送液体的绝对压力降低到当时温度下的液体汽化压力时,液体便在该处开始汽化,产生大量蒸汽,形成气泡,当含有大量气泡的液体向前经叶轮内的高压区时,气泡周围的高压液体致使气泡急剧缩小以致破裂。在气泡凝结破裂的同时,液体质点以很高的速度填充空穴,在此瞬间产生很强烈的水击作用,并以很高的冲击频率打击金属表面,冲击应力可达几百个至几千个大气压,冲击频率可达每秒几万次,严重时会将壁厚击穿。水泵中产生气泡和气泡破裂使过流部件遭受到破坏的过程就是水泵中的空蚀过程。水泵产生空蚀后除对过流部件会产生破坏作用外,还会产生噪声和振动,导致泵的性能下降,严重时会使泵中液体中断,不能正常工作。

根据上述泵内发生空蚀的原因,离心泵空蚀可以分为叶面空蚀、间隙空蚀和粗糙空蚀三种类型。

7.2.2.1　**叶面空蚀**

水泵安装过高,或流量偏离设计流量时所产生的空蚀现象,其气泡的形成和溃灭基本上发生在叶片的正面和反面,称为叶面空蚀。叶面空蚀是水泵常见的空蚀现象。

7.2.2.2　**间隙空蚀**

在离心泵密封环与叶轮外缘的间隙处,由于叶轮进出水侧的压力差很大,导致高速回流,造成局部压降,引起间隙空蚀。轴流泵叶片外缘与泵壳之间间隙很小,在叶片正反面压力差的作用下,间隙中的反向流速大,压力降低,在泵壳对应叶片外缘部位引起间隙空蚀。

7.2.2.3　**粗糙空蚀**

水流经过泵内粗糙凸凹不平的内壁面和过流部件表面时,在凸出物下游发生的空蚀,称为粗糙空蚀。

7.3　水力机械的空化性能检测

水力机械的空化性能检测是通过空化试验进行的,空化试验通过能量法测定水力机械各种工况下的空化系数,并在综合特性曲线上绘出模型水力机械空化系数的等值线,以此全面表征水力机械的空化特性,为与其相似的原型水力机械确定合理的吸出高度,提高试验依据。

水泵、水轮机的模型空化试验通过水泵、水轮机模型试验台来检测,水泵、水轮机模型试验台有封闭式和半敞开式两种。郭彦峰等搭建了一种封闭式的水泵、水轮机模型试验台,并对水泵、水轮机的空化进行了观测和测试,如图 7-3、图 7-4 所示。试验台水流一般是双向循环运行,由于机械运转的固有振动以及其对水流不可避免的扰动,各种测量数值的波动是不可避免的,这样的波动在很大频率范围内是呈周期或随机性的,因而在进行稳定工况试验时,获得可重复的稳态、恒态运行条件十分重要,这对模型试验台提出更高的要求。

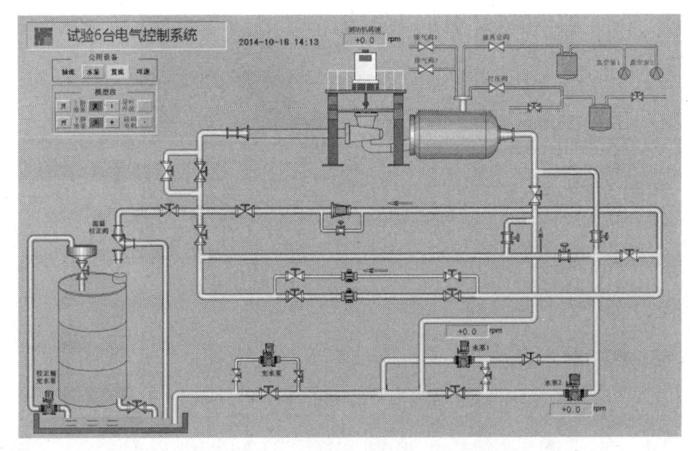

图 7-3　封闭式水轮机模型试验台布置示意图

郭彦峰等设计了专用的水泵、水轮机模型试验台,对水轮机工况进出口的空化现象进行了观测。图 7-5 为水泵、水轮机进出口处的空化现象观测结果,观测实际工况为临界工况。图 7-5(a)为背面脱流情况,此处背面脱流现象不明显。图 7-5(b)为水轮机工况下出口涡带情况,可以看出,不同工况下涡带形状不同。图 7-5(c)为水泵工况下进口空化现象的观测结果,可以看出,随着空化系数的逐渐降低,叶片上的空化现象逐步加剧。

图 7-4　封闭式水轮机模型试验台

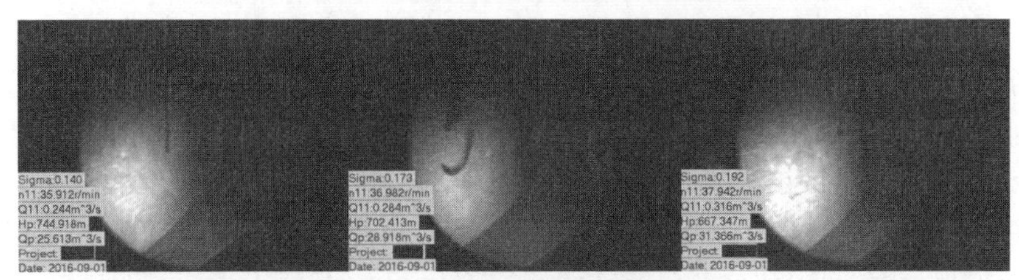

(a)水泵水轮机背面脱流观测结果

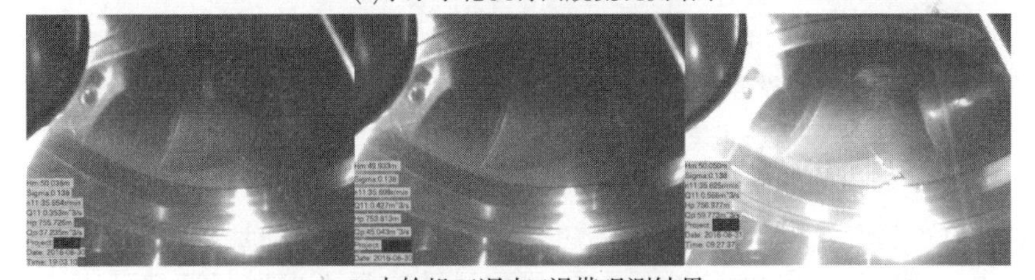

(b)水轮机工况出口涡带观测结果

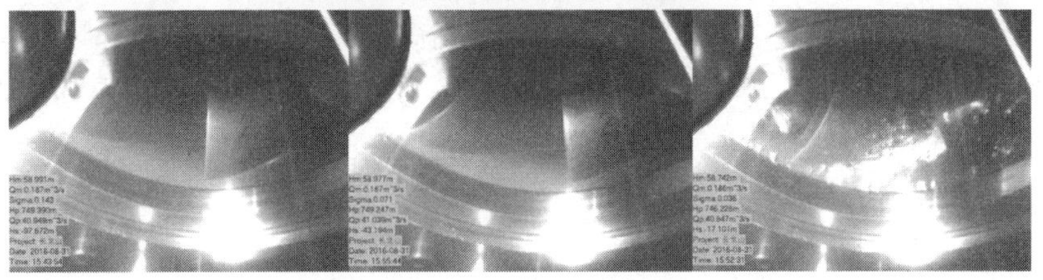

(c)水泵工况下初生空化观测结果

图 7-5　水泵、水轮机进出口处的空化现象观测结果

7.4 水力机械表面涂层空蚀性能检测方法研究及应用

空蚀损伤是水轮机、水泵、船舶螺旋桨等装备及其零部件常见的失效形式之一,空蚀会引起机械装备、零部件的侵蚀,造成装备整体性能下降,产生噪声,减少设备使用寿命,并给设备安全运行带来隐患,每年造成大量的经济损失。

目前,研究人员主要通过新材料开发和新工艺研究来提升装备表面的耐空蚀性能,降低气蚀对装备的影响,提高装备使用寿命。目前,研究人员通过在装备表面研制纳米材料涂层,来提升装备的表面抗空蚀性能,取得了显著的效果。

纳米涂层在研究过程中,需要进行大量的试验,来比较各种纳米材料的抗空蚀能力。水泵、水轮机的空化性能测试平台占地面积大、搭建费用高(搭建一个水试台需要 1 000 多万元)、试验周期长,不适用于实验室材料的抗空蚀性能检测。鉴于此,国内外研究人员从 20 世纪 60 年代就开始研究适用于实验室的空蚀检测设备及其检测方法、评价标准,产生了"轮盘冲击法""U 型管测定"等一系列检测方法及设备,由于这些检测方法在检测过程中产生的空蚀过程与水泵、水轮机实际情况下空蚀现象差异较大,故而效果不理想。

20 世纪 90 年代,国外某公司开发出小型超声波细胞破碎系统,用于生物学上细胞破碎试验,该系统利用超声波振动产生空泡,并使空泡发展、溃灭,这一过程和空蚀现象极为相似。为此,国外一些空蚀研究人员和超声波振动设备生产厂家经过大量试验研究,论证超声波设备用于金属材料气蚀检测的可行性。在空蚀试验过程中,由于超声波设备的复杂性和试验过程的敏感性,试验结果常常会受到各种因素的影响,导致试验结果不可靠或没有可比性。经过大量的试验研究,水利部杭州机械设计研究所等单位利用超声波振动制造了 SQC-1200 超声波空蚀试验系统,并制定了其检测方法。图 7-6 为 SQC-1200 超声波空蚀试验系统结构示意图。

7.4.1 系统的构成与测试原理

SQC-1200 超声波振动空蚀测试系统主要由三部分组成,分别是超声波振动系统、恒温油浴容器系统、机架升降系统。

SQC-1200 超声波空蚀试验系统通过功率放大器驱动通用换能器,借助

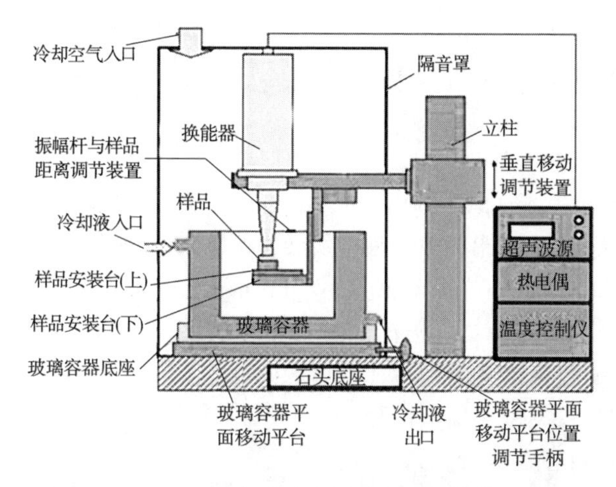

图 7-6　SQC-1200 超声波空蚀试验系统结构示意图

振幅杆发出超声波,利用振幅杆发出的超声波振动轰击测试材料表面,达到模拟空蚀试验的作用。在工作过程中,系统的超声功率、超声/间隙频率、超声距离(振幅杆和样品之间的距离)可根据不同的工况进行调节。

超声波振动系统是整套设备最核心的部分,设计复杂,主要为系统提供超声振动,使振幅和频率达到标准要求。恒温油浴容器系统主要为样品提供一个恒温的液体环境,以保证样品测试的准确度(温度变化直接影响空蚀率)。机架升降系统用于固定和调节整套系统,并设计了隔声功能。图 7-7 为超声波空蚀试验设备工作示意图。

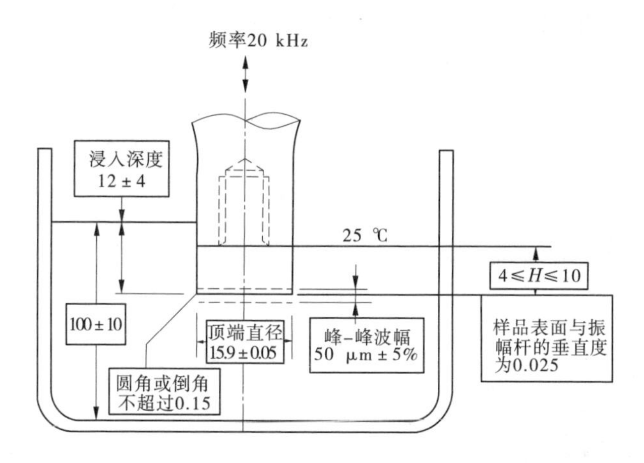

图 7-7　超声波空蚀试验设备工作示意图　(单位:mm)

7.4.1.1 振动系统主要指标

换能器型号:YD-5020-4D。

工作频率:20 kHz±0.5 kHz。

最大功率:1 200 W。

工作振幅:10 μm±5%~60 μm±5%,可任意设定。

驱动电源型号:智能数控驱动电源 V2.0,实时显示工作频率和振幅。

驱动电源体积: 560 mm×390 mm×160 mm(长×宽×高)。

时间控制器:0~99 s,可根据试验人员要求设定。

7.4.1.2 测试液容器主要指标

容器类型:石英带夹层液浴型烧杯。

容器样品同心度:≤容器直径的 5%。

容器液体深度:100 mm±10 mm。

容器有效直径:100 mm±15 mm。

冷却类型:液浴性冷却。

冷却液:去离子水。

溶液温度:(25±2)℃。

7.4.1.3 隔音设备主要指标

隔音材料:隔音棉。

隔音后声源级:≤40 dB。

7.4.1.4 样品主要指标

样品浸入深度:12 mm±4 mm。

扣状样品直径:22 mm±0.1 mm。

样品厚度:4 mm±0.1 mm。

表面跳动度:≤0.05 mm。如有刮伤痕迹,可能成为加速空蚀损伤的起点。

7.4.2 系统的检测流程

7.4.2.1 制备样品

涂层样品的尺寸:直径为 22 mm±0.1 mm,厚度为 4 mm±0.1 mm(可用线切割等设备制备)。

7.4.2.2 样品清洗

采用工业酒精或者丙酮对制备好的涂层样品进行清洗,清洗完成后放入烘箱烘干(温度设置为 60~80 ℃),然后在烘箱内自然冷却到常温。

7.4.2.3 样品原始称重

采用精度为0.1 mg的高精度称量系统对样品进行称重,记录样品原始质量,取平均值。

7.4.2.4 涂层原始孔隙测试

采用显微镜对涂层表面进行形貌观察,利用照相法计算涂层表面平均孔隙率,每个样品测3次,取平均值。

7.4.2.5 设置试验参数,进行试验

将去离子水注入样品台,控制水面高度为100 mm±3 mm,将称重好的样品放入超声波气蚀试验系统样品台中,调节样品台,设置好超声距离,并使得样品表面的浸入深度为12 mm±4 mm。打开冷却水循环系统和超声波振动系统,依次设置试验温度、超声功率、试验时间、超声频率、间隙频率、报警温度,然后进行试验,并记录试验数据。

7.4.3 系统的评价指标

7.4.3.1 涂层质量损失率评定

根据试验需要,每隔一段时间取出样品,进行称重分析。称重前采用烘箱烘干(温度设置为60~80 ℃),并进行自然冷却。将冷却后的样品进行称重分析。根据获得的涂层质量损失,计算出涂层失重率,绘制涂层失重率—时间曲线。

涂层质量损失率计算:

$$S_{i损} = \frac{S_i - S_{原}}{S_{原}} \times 100\% \tag{7-2}$$

式中 $S_{i损}$——涂层超声波试验后第 i 个时间的涂层质量损失率(%);

S_i——涂层超声波试验后第 i 个时间的质量;

$S_{原}$——涂层原始质量。

7.4.3.2 涂层孔隙率差值评定

采用显微镜对试验后的涂层表面进行观察,通过照相法计算涂层表面平均孔隙率。根据试验前所测的涂层平均孔隙率及试验后的涂层平均孔隙率,计算涂层孔隙率差值。

涂层孔隙率差值计算:

$$S_{孔差} = S_{孔后} - S_{孔前} \tag{7-3}$$

式中 $S_{孔差}$——涂层超声波试验后的孔隙率差值(%);

$S_{孔后}$——涂层超声波试验后的孔隙率,测3次,取平均值;

$S_{孔前}$——涂层超声波试验前的孔隙率,测3次,取平均值。

7.5 小　结

(1)泥沙浓度、泥沙粒径影响着液体的初生空化压力和临界空化压力,在不同的泥沙浓度下,初生空化压力与临界空化压力相差较大,泥沙浓度越高,初生空化压力与临界空化压力越高,越容易发生空化;泥沙粒径越大,水的初生空化压力和临界空化压力越小,越不容易发生空化。

(2)水力机械表面涂层空蚀性能主要通过振动式超声波空蚀试验系统进行检测,通过试验前后的微观形貌分析、失重量来比较各种涂层之间的抗空蚀性能。

第 8 章　水力装备抗磨蚀涂层技术标准化

20 世纪 50 年代以来,随着水利水电事业的蓬勃发展,水力装备的磨蚀问题逐渐凸显,对水力装备抗磨蚀技术的研究也应运而生。经过了多年的研究和实践,通过对磨蚀破坏机制研究、防护材料选择、施工工艺优化、抗磨蚀性能评定等方面的系统研发,水利装备抗磨蚀涂层技术已取得了较为显著的成果。特别是近年来随着纳米技术、材料微结构设计技术、表面强化新技术的发展,我国在水力装备抗磨蚀涂层技术方面取得了长足的进展,而且近年来抗磨蚀涂层技术经过一定的推广和应用,被证实可以大幅度提高水力装备的使用性能和使用寿命,是目前解决水力装备过流部件磨蚀问题最行之有效的手段。

然而,由于我国的水资源分布较广,水利水电工程分布于全国各个流域和地区,其中大部分水力装备都受到不同程度的磨蚀侵害,如高泥沙含量的黄河流域、高水头高石英砂含量的新疆地区、高水头低泥沙含量的云贵川等地。目前,各地针对水力装备抗磨蚀问题的处理方法不尽相同,抗磨蚀的技术水平也是参差不齐,其中部分水力装备未进行有效的抗磨蚀处理,无法实现抗磨蚀的效果,其机组的运行寿命及运行安全无法得到保证。

通过对水力装备抗磨蚀涂层技术进行标准化,具体将磨蚀工况判定、材料选择、施工工艺、评价方法等进行标准化,可以促进该技术在水力装备维修、维护及升级改造及新设备生产、制造等环节中应用,切实提高我国水力装备的抗磨蚀技术水平。

8.1　磨蚀工况判定

我国的河流中基本都存在一定量的沙粒,水流中带有一定速度的沙粒对水力装备过流部件反复冲击和磨削,造成其表面磨损,在磨损的过程中往往还伴随着空蚀。磨损和空蚀等的综合作用,形成更为严重的磨蚀破坏。含沙水流对水力装备过流部件表面的磨损强度与水流速度、含沙量、泥沙粒径及过流部件本体材质等有关,可以用下式表示:

$$W_t = KV^m S^n \tag{8-1}$$

式中　W_t——磨损速率或磨损强度;

K——与泥沙粒径及过流部件材质等有关的综合系数；

V——水流相对速度，m/s；

m——速度指数，一般为 2~4；

S——含沙量，kg/m^3；

n——含沙浓度指数，一般为 0.6~1.0。

从式(8-1)中可以看出，过流部件磨损的产生需要一定的含沙量及水流速度，并与泥沙的粒径及过流部件的材质相关。水力装备在实际运行中，这些影响因素也直接关系到过流部件所遭受到的磨蚀程度。将空蚀及磨损进行综合考虑，对含沙量、泥沙粒径、相对水流速度及过流部件本体材质等与磨蚀的关系分析如下。

8.1.1　含沙量、泥沙粒径及相对水流速度

苏联 A. N 佛列克西尔总结了高加索地区高水头水电站运行观测资料提出，有害泥沙粒径为 0.05~0.1 mm；匈牙利莫苏尼认为，中小水电站应排除 0.2~0.5 mm 泥沙，高水头水电站要排除 0.1~0.2 mm 泥沙；苏联 B. Б 杜里涅夫研究表明，当粒径≤0.05 mm 时磨损强度差异较小，而粒径在 0.1~0.5 mm 时磨损强度变化大。由此可以看出，粒径 0.05 mm 是影响磨蚀程度的一个相对临界值。在《水利水电工程沉沙池设计规范》(SL/T 269—2019)中也同样指出，黄河中、下游水利工程沉沙池出池泥沙粒径不宜大于 0.05 mm。国内外有关研究表明，当相对流速≤15 m/s、泥沙粒径≤0.05 mm 时，磨蚀情况不明显；当相对流速≥50 m/s、泥沙粒径≤0.05 mm 时，磨蚀程度明显增加；当含沙量≤5 kg/m^3、相对流速≤15 m/s 时，磨蚀程度较轻；当含沙量>10 kg/m^3 时，磨蚀程度较为明显。

8.1.2　过流部件本体材质

含沙水域过流部件一般都要求具备硬度高、韧性好、结构致密、疲劳极限高等性能，以及较好的可加工性和可焊性。其材质主要可以分为以下几类：

(1)普通铸铁、碳钢。如水轮机用的 30#、35#、55#钢，水泵用的 QT450-10、QT600-3 等。

(2)合金钢、高铬铸钢。如水轮机用的 20SiMn、1Cr18Ni9Ti 等，水泵用的 12Cr18Ni9、Cr26、Cr28 等。

(3)高强不锈钢。如 ZG00Cr13Ni4Mo、ZG00Cr13Ni5Mo 等。

(4)新型高强高韧材料。如 ZGCr-Mn-N、马氏体沉淀不锈钢(17-4PH)等。

经过国内外长时间的试验研究及实践,普通铸铁、碳钢等无法抵御含沙水流的磨蚀作用,0Cr18Ni9Ti 奥氏体不锈钢在浑水条件下耐空蚀和泥沙磨损联合作用效果不好,20SiMn 材料是目前过流部件使用中抗磨蚀性能最差的材料(含沙水域水轮机过流部件)。研究和实践证明,ZG00Cr13Ni4Mo、ZG00Cr13Ni5Mo 及 ZG00Cr13Ni6Mo 系列的马氏体高强不锈钢是目前抗磨蚀性能最理想的过流部件本体材料,同时也是目前在含沙水域应用最广泛的材料。

结合国内外的研究,将过流部件本体材料设定为 ZG00Cr13Ni5Mo,对含沙量、泥沙粒径及水流速度与磨蚀程度的理论分析如表 8-1 所示。

表 8-1 含沙量、泥沙粒径及水流速度与磨蚀程度理论分析

序号	泥沙粒径(mm)	年平均含沙量(kg/m^3)	与过流部件的相对流速(m/s)	磨蚀程度等级
1	≤0.05	≤5	≤15	0
2			15~30	1
3			≥30	2
4		5~10	≤15	1
5			15~30	2
6			≥30	3
7		≥10	≤15	1
8			15~30	2
9			≥30	3
10	>0.05	≤5	≤15	1
11			15~30	2
12			≥30	3
13		5~10	≤15	2
14			15~30	3
15			≥30	4
16		≥10	≤15	3
17			15~30	4
18			≥30	5

注:磨蚀程度等级说明:

0 级——出现一定数量的划痕,但没有明显的磨蚀坑;

1 级——出现明显的磨蚀坑,磨蚀坑深度≤2 mm,磨蚀面积/总面积≤5%;

2 级——磨蚀程度加重,磨蚀坑深度为 2~5 mm,磨蚀面积/总面积为 5%~20%;

3 级——磨蚀程度较为严重,磨蚀坑深度>5 mm,磨蚀面积/总面积>20%;

4 级——磨蚀程度严重,磨蚀坑深度>5 mm,磨蚀面积/总面积>50%;

5 级——磨蚀程度十分严重,磨蚀坑深度>10 mm,磨蚀面积/总面积>70%。

通过上述研究及分析，可以对水力装备过流部件磨蚀工况进行一个标准化的理论分析。对于磨蚀情况不明显的使用工况，可以将过流部件本体材料选定为 ZG00Cr13Ni5Mo 等高强不锈钢，不需要增加额外的抗磨蚀防护措施。对于磨蚀程度较为严重的使用工况，则在本体材料选用高强不锈钢的基础上再增加抗磨蚀涂层等其他防护措施。对于已经运行的水利工程，还可以结合实际的磨蚀情况进行判断是否需要进行抗磨蚀处理。这样可以在水力装备设计、维护、改造时，在抗磨蚀方面提供一定的理论依据，针对泥沙磨蚀做好事前准备，减少因磨蚀而带来的损失，提高水利工程的运行可靠性和安全性。

8.2　抗磨蚀涂层材料

针对磨蚀破坏的机制，一般选择高强、高硬、一定韧性的硬质合金材料作为抗磨蚀材料，主要以 WC、Cr_3C_2 系等金属陶瓷为主。其中，以 Co 基 WC 金属陶瓷的应用最为广泛，也是目前最被认可的抗磨蚀涂层材料之一，如 WC-10Co4Cr、WC-12Co、WC-17Co 等。随着材料微结构设计、材料纳米化及稀土改性等技术的发展，粉末材料也从传统的微米粉末发展成为纳米粉末及纳米稀土改性粉末等。一般情况下，同样试验条件下对比抗磨蚀性能，稀土改性纳米 WC-10Co4Cr 涂层优于纳米 WC-10Co4Cr 涂层，纳米 WC-10Co4Cr 涂层优于微米 WC-10Co4Cr 涂层。

近年来，随着国家对新材料研发的大力投入，我国在水力装备抗磨蚀涂层的研究方面取得了长足的进展，此外我国的钨及稀土矿储量都为世界第一，这也给我们研究和生产相关的材料提供了良好的基础，目前所研发的新型抗磨蚀涂层材料已经可以完全替代进口，甚至超过了进口的粉末材料。水力装备在设计制造时应判断其使用工况为磨蚀工况，或者在检修和改造时发现磨蚀情况较为严重，则可以将 WC-10Co4Cr 粉末作为一种抗磨蚀的标准材料。

8.3　抗磨蚀涂层制备工艺

8.3.1　喷涂技术

制备 WC 系列抗磨蚀涂层的方法主要有氧-丙烷超音速火焰喷涂技术、氧-煤油超音速火焰喷涂技术、大气超音速火焰喷涂技术及超音速等离子喷涂技术等。这些技术由于所需的燃料及提供能量的方式不同，其焰流特性、粒子速度及沉积效率等也有所不同。表 8-2 为不同热喷涂工艺对比。

表 8-2　不同热喷涂工艺对比

序号	热喷涂技术	焰流速度（m/s）	焰流温度（℃）	粉末粒子速度（m/s）	沉积效率（%）	WC 涂层性能等级
1	氧-丙烷超音速火焰喷涂技术	1 800~2 000	约 3 000	700~900	50~60	3
2	氧-煤油超音速火焰喷涂技术	2 000~2 400	约 2 650	1 000~1 100	35~40	2
3	氧-煤油超高音速火焰喷涂技术	3 000~3 300	约 2 500	1 300~1 500	35~40	1
4	大气超音速火焰喷涂技术	2 000~2 400	1 800~2 000	900~1 100	40~50	2
5	超音速等离子喷涂技术	1 000~1 200	12 000~15 000	300~500	50~60	4

注：所制备的 WC 涂层性能等级，1 级为最高。

可以按照磨蚀程度、检修年限及投入费用等选择不同的喷涂设备。在磨蚀程度较为严重时，一般采用氧-煤油超音速火焰喷涂技术或大气超音速火焰喷涂技术。

8.3.2　工艺条件

这里的工艺条件是指将粉末制备成涂层的过程中所要求具备的必要条件和措施，主要包括：施工环境及要求；粉末、气体、燃料等原材料的选择、处理及要求。

8.3.2.1　施工环境及要求

施工环境的湿度、温度等都会对涂层的制备产生一定的影响。湿度过高，会造成工件表面潮湿，加热后易在表面形成蒸汽，导致涂层孔隙率的升高及涂层结合力的下降等，还会影响粉末的流动性，导致涂层性能下降；温度过低，会造成基材预热困难，易发生急冷急热，产生较大的热应力，不利于涂层和基材间的结合。此外，热喷涂过程中会产生一定的噪声及粉尘，需要进行降噪和粉尘回收，确保环保无污染。具体要求如下：

（1）施工环境的湿度一般需要小于 85%，施工环境的大气温度应当高于 5

℃且基材的温度应高于大气露点 3 ℃。

(2)在专门的密闭隔音房(见图 8-1)中进行施工,并且设置有通风除尘装置,可以避免喷涂过程中噪声的传播及粉末的扩散。喷涂过程中隔音房外噪声控制在 85 dB 以下;颗粒物的排放应不超过《钢铁烧结、球团工业大气污染物排放标准》(GB 28662)的规定。

图 8-1 专用超音速热喷涂隔音房

8.3.2.2 粉末、气体、燃料等原材料的选择、处理及要求

粉末、气体、燃料等原材料的状态对喷涂设备的运行及涂层的制备有着直接的影响,如气体及燃料的清洁程度会直接关系到喷涂设备是否能正常运行,因为设备一般采用精度较高的流量计对气体及燃料等进行控制,杂质容易造成流量计等堵塞,影响设备的控制精度,甚至损坏;同时粉末等原材料中如果存在水分或者杂质等,会导致涂层致密性、结合强度等性能下降。因此,在喷涂施工前需要对粉末、气体、燃料等原材料进行处理,具体如下:

(1)喷涂所采用的气体应保证清洁、干燥,如氧气、丙烷、氮气、氢气及压缩空气等,可以在设备进口前端设置过滤装置;所采用的液体燃料也应保证清洁,需要在进口端安装过滤装置。

(2)粉末的粒径对速度及温度都有直接的影响,粒径越大,粒子速度越小,粒子温度越低,但粒径过小会导致氧化加重、沉积效率降低等不利影响。因此,需要将粉末粒径选择在合适的范围,一般超音速火焰喷涂的粉末粒径为 5~45 μm。粉末颗粒扫描电镜(SEM)图片见图 8-2。

(3)喷涂前应对使用的喷涂粉末进行烘干。烘干温度一般为 60~100 ℃,恒温时间不小于 1 h,确保粉末干燥。

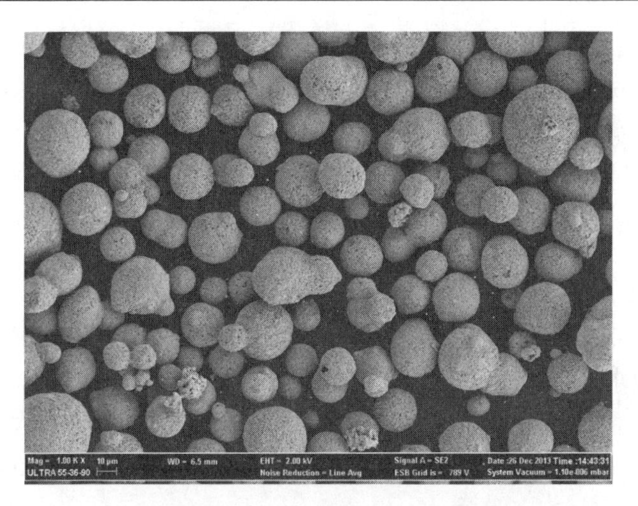

图 8-2　粉末颗粒扫描电镜(SEM)图片

8.3.3　工艺流程及要点

抗磨蚀涂层制备的工艺流程主要包括表面清洗、喷砂活化、遮蔽、预热等预处理、热喷涂及后处理等部分。抗磨蚀材料沉积到工件表面形成防护涂层,两者之间结合强度与结合处界面的状态有着直接的关系,一般需要界面无杂质、呈现金属本色、一定的粗糙度及洁净度,才能获得好的结合强度。由于工件与涂层材料的热导率、热膨胀系数不同,喷涂后冷却会在两者之间形成残余热应力,影响涂层与工件的结合,因此需要通过对工件进行预热以在喷涂过程中降低涂层与工件的温度差及减少工件的温升,进而减少残余应力。热喷涂的线速度、送粉速率、喷涂距离及喷涂角度等都对涂层的质量有较大的影响,需要通过机械手的编程实现稳定、准确的喷涂轨迹,以及通过参数的配比确保单层厚度在合适的范围。

8.3.3.1　表面清洗及喷砂活化

要保证界面的洁净度和活化效果,需要对工件表面进行清洗和喷砂处理,具体要求如下:

(1)清洗除油,可以采用以下方法去除工件表面的油脂或其他污物等:

①溶剂法:采用汽油、丙酮、乙醇等溶剂对工件表面进行擦洗。

②碱性清洗剂法:采用氢氧化钠、磷酸钠、碳酸钠和钠的硅酸盐等溶液对工件表面进行擦洗或喷射清洗,清洗后用洁净的淡水充分洗去碱性清洗剂。

③乳液清洗法:浮化清洗液通常由混有强乳酸液和湿润剂的有机溶液配

制而成,采用混有强乳化液和湿润剂的有机溶液配制成的乳化清洗液对工件表面进行清洗,清洗后再用洁净淡水洗去乳液。

④燃烧清洗法:采用火焰燃烧的方式对工件表面进行清理。

(2)清洗干燥,采用干净的棉布及纯净水等对除油处理后的工件表面进行清洗,再用干燥洁净的压缩空气吹扫工件表面,进一步清理及干燥。

(3)喷砂活化,通过对工件表面进行喷砂处理,可以去除其表面氧化皮、铁锈、污垢等附着物,保证表面洁净度,提高表面活性,同时按照一定工艺进行喷砂处理,还可以使工件表面获得合适的粗糙度,提高涂层与工件的结合强度。具体要求如下:

①在喷砂前需要对工件表面非喷涂区域进行遮蔽,避免加大非喷涂区域的粗糙度,影响使用性能。遮蔽材料可以选择一定厚度的 PVC 胶带、橡胶、铁皮、钢板等。

②针对水力装备过流部件材料,特别是 ZG00Cr13Ni4Mo、ZG00Cr13Ni5Mo 这样的高强不锈钢,一般要求采用氧化铝砂,如棕刚玉、白刚玉等,其中以白刚玉为佳,因为棕刚玉是以铝矾土、焦炭为主要原料冶炼而成的,易在工件表面形成杂质镶嵌,影响涂层与工件的结合。砂子必须清洁、干燥,粒径一般为 20~30 目。

③喷砂使用的压缩空气必须干燥、洁净、无油。

④可以采用压力式喷砂机或射吸式喷砂机。大面积喷砂时一般采用压力式喷砂机,可以保证工作效率,喷砂压力一般设置为 0.3~0.6 MPa;当采用机械手自动喷砂时,宜采用压力式喷砂机,便于控制,喷砂压力一般设置为 0.4~0.7 MPa。对于壁厚小于 4 mm 的薄板件,喷砂压力可略低于下限。

⑤磨料的喷射方向与基材法线方向的夹角一般在 15°~30°,以便获得较好的粗糙度。喷砂枪口到工件距离一般为 100~300 mm。

⑥经过喷砂处理后,工件表面要获得一定的清洁度和粗糙度(见图 8-3)。喷射清理等级要求达到国标 Sa3 级,并不能破坏工件的原始型线。对于制备 WC、Cr_3C_2 系等金属陶瓷涂层,工件表面粗糙度一般为 *Ra*6.3~12.5 μm。

⑦正式喷涂施工与喷砂预处理的间隔时间应尽可能缩短,防止表面受潮、氧化及其他二次污染。在潮湿或工业大气等环境条件下,表面预处理后应在 2 h 内喷涂完毕,在湿度不大于 85%的条件下,最长应不超过 4 h。

注:按照国际标准及中国国家标准,国内外通用的清理等级(清洁度)分为四个等级,分别为 Sa1、Sa2、Sa2.5、Sa3,详细介绍如下:

Sa1 轻度的喷射清理:在不放大的情况下观察时,表面应无可见的油、脂

图8-3 喷砂处理后表面粗糙度

和污物,并且没有附着不牢的氧化皮、铁锈、涂层和外来杂质。

Sa2 彻底的喷射清理:在不放大的情况下观察时,表面应无可见的油、脂和污物,并且几乎没有氧化皮、铁锈、涂层和外来杂质。任何残留物应附着牢固。

Sa2.5 非常彻底的喷射清理:在不放大的情况下观察时,表面应无可见的油、脂和污物,并且几乎没有氧化皮、铁锈、涂层和外来杂质。任何残留物的残留痕迹应仅呈现为点状或条纹状的轻微色斑。

Sa3 使钢材表面洁净的喷射清理:在不放大的情况下观察时,表面应无可见的油、脂和污物,并且几乎没有氧化皮、铁锈、涂层和外来杂质。该表面应具有均匀的金属色泽。

8.3.3.2 喷涂前遮蔽

在预热及正式喷涂前,需要对非喷涂区域进行遮蔽处理,这时的遮蔽不同于喷砂前的遮蔽,需要考虑喷涂束流的高温及高冲击力,要确保遮蔽的牢固性,以免在喷涂过程中遮蔽材料掉落。在非喷涂区域表面一般采用铁皮、铜皮、钢板等强度及耐温较好的材料,以及选用耐高温的热喷涂专用胶带等进行遮蔽。对于键槽、油孔、冷却孔、螺纹孔等孔洞,可以采用木塞、石墨棒或其他耐热非金属材料进行堵塞。

8.3.3.3 预热

预热是正式热喷涂涂层前的最后一道预处理工序,使工件表面获得一定温度,并保证界面的洁净度,有利于提高涂层与工件间的结合强度。由于水力装备具有体积大、质量重等特点,一般采用喷涂设备的焰流对工件表面进行预

热,预热的主要作用如下:

(1)由于喷砂预处理之后,可能需要进行吊装、调整位置、机械手示教等操作,在这些过程中工件待喷涂表面可能会被灰尘的杂质二次污染,同时还可能由于空气湿度过大而产生潮气,通过喷枪焰流对工件表面进行扫描预热,既可以对工件表面进行清洁又可以驱除湿气和冷凝物(水蒸气等),使工件表面保持洁净、干燥。

(2)可以提高工件温度,减少涂层和基材间的温差,从而减少两者间热喷涂冷缩的差别,减少热应力,有效防止涂层剥落或产生裂纹。不同材料之间热膨胀系数不同,涂层与基材的热膨胀系数越接近,则产生的热应力越小,有利于涂层与基材的结合,因此涂层与基材的热膨胀系数差别较大时,更应尽量减少两者的温差。相关材料的热膨胀系数见表 8-3。

表 8-3 材料的热膨胀系数

材料名称	WC	Cr_3C_2	WC-10Co4Cr	TiN	低合金钢	高速钢
热膨胀系数	4.6	10.3	6	10.1	15	12

(3)有利于表面产生“热活化”,可以增加喷涂粒子与基材间的接触温度,还有利于促进基材表面和涂层之间的物理化学作用,提高结合强度,同时还可以提升粉末的沉积效率。

(4)可以降低喷涂粒子的冷却速度,不仅有利于喷涂粒子的变形及相互融合,而且可以减小粒子的收缩应力,从而减少涂层的应力积累。

预热不仅可以提高涂层与基材之间的结合强度,还有利于提高涂层的致密性,提升涂层的使用寿命。综合考虑涂层性能及基材变形量等,对于水力装备常用的这些钢材,预热温度一般控制在 60~120 ℃。对于极易变形的基材,可以适当降低工件的预热温度,但一般也不能低于 50 ℃。

8.3.3.4 热喷涂

要得到高质量的水力装备抗磨蚀涂层,热喷涂设备、工艺参数、工况条件等是核心要素。一般选择超音速火焰喷涂设备喷涂 WC 金属陶瓷涂层,如氧-丙烷超音速火焰喷涂设备、氧-煤油超音速火焰喷涂设备、大气超音速火焰喷涂设备等。稳定、优化的工艺参数是保证涂层性能的关键,需要通过大量的试验研究获得与喷涂设备、水力装备使用需求等配套的最佳工艺参数,并且将工艺进行固化和标准化,确保喷涂实施过程的稳定性和重复性。热喷涂实施过程的一些具体要求如下:

(1)应尽量采用六轴机械手夹持喷枪进行喷涂,以确保喷涂角度及移动线速度等。为了获得高结合强度、高致密度及高沉积效率，喷涂过程中喷枪枪口应尽可能保持在工件表面的法线方向。当出现干涉等情况时，喷枪可以适度倾斜，但喷射束流与工件表面的夹角应不小于60°。喷枪要以恒定的线速度移动，使喷射束流在工件表面形成厚度、致密度等均匀的涂层，并保证每一遍的厚度一致、可控。图8-4为水轮机及水泵过流部件超音速热喷涂。

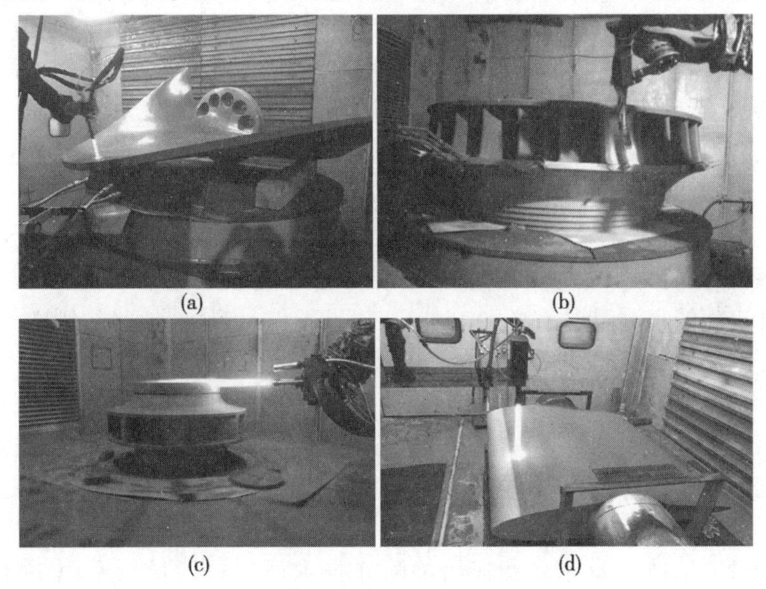

图8-4　水轮机及水泵过流部件超音速热喷涂

(2)燃料(煤油、丙烷等)与助燃剂(氧气、压缩空气等)进行燃烧给粉末粒子提供熔融的热能和喷射的动能，一般以燃料与助燃剂的充分燃烧为宜，氧气等助燃剂过多则容易引起粉末氧化，煤油等燃料过多则可能出现积碳等情况。煤油以壬烷作为它的分子式，与氧气的燃烧反应如下式：

$$C_9H_{20} + 14O_2 = 9CO_2 + 10H_2O \tag{8-2}$$

丙烷与氧气燃烧的反应如下式：

$$C_3H_8 + 5O_2 = 3CO_2 + 4H_2O \tag{8-3}$$

从式(8-2)、式(8-3)中可以得出，煤油与氧气充分燃烧的质量比约为1∶3.5，丙烷与氧气充分燃烧的质量比约为1∶3.6，以此燃烧比为基础并通过优化试验可以获得燃料与助燃剂的最佳配比。同时也可以通过火焰的颜色等判断是否充分燃烧：充分燃烧，中性焰，焰芯为蓝白色圆锥形，外焰呈淡白色；氧气少，还原焰，焰芯较长为淡蓝色，外焰呈橘红色；氧气多，氧化焰，焰芯短而尖为青白色，外焰呈蓝紫色。

(3)喷涂束流中粉末粒子主要集中在中心区域并向四周发散,因此沉积到工件表面形成的每一道涂层的厚度都是从中间向两侧递减的,需要进行搭接,搭接是否合理直接影响到涂层厚度均匀性,搭接范围一般控制在每道宽度的1/4~1/3(对于超音速火焰喷涂技术,搭接范围一般为3~5 mm)。

(4)涂层通过一层一层叠加而成,每一层的厚度及均匀性直接影响涂层的性能。单层的厚度越薄,产生的应力越小,涂层也更加致密,结合强度也会相应提高,但这会影响喷涂效率,增加成本。因此,需要通过对喷涂送粉率、喷涂距离及喷涂线速度等参数进行匹配和优化,一般将单层的厚度控制在10~20 μm。为了确保涂层的使用寿命并综合考虑实施成本等因素,涂层总厚度一般控制在200~400 μm。

(5)随着喷涂的实施,工件的整体温度会逐渐升高。既要保证工件有一定的温度,同时为了避免发生变形,还要通过空气冷却等方式控制其温度,一般工件表面的实测温度不高于150 ℃,如果工件材料极易变形,则酌情降低温度。

8.3.3.5　涂层后处理

涂层后处理包括封孔、打磨抛光等。针对水力装备过流部件,涂层的表面粗糙度可以达到使用需求,一般不需要进行打磨抛光。如果有特殊要求时,应根据要求进行打磨抛光。

通过纳米技术及超高音速火焰喷涂技术可以将涂层的孔隙率降低至0.5%以下,涂层极为致密,并且涂层是通过几十层叠加而成的,很难形成从涂层表面到工件表面的管穿孔,一般可以不进行封孔处理。但对于普通的涂层,封孔处理有利于提高涂层的耐腐蚀等性能,还可避免因腐蚀介质进入涂层与工件的界面处而造成的腐蚀甚至涂层剥落。一般在涂层检查合格后,可以采用树脂类封闭材料对涂层进行封孔处理,还可以采用刷涂或高压喷涂等方式进行施工。

8.4　涂层性能评价方法

涂层性能评价包括施工过程中的质量检验及对同步挂样进行的性能评价。质量检验贯穿整个施工过程,可作为施工及验收等的依据;对同步挂样进行的各项性能评价,可以确保涂层的抗磨蚀性能及使用寿命,也可以作为重要的验收依据。

8.4.1　涂层质量检验

8.4.1.1　外观检验

通过肉眼观察或者使用 5~20 倍放大镜进行观察(见图 8-5),涂层表面应均匀一致,无气孔、裂纹或基材裸露的斑点等,没有附着不牢的金属熔融颗粒和影响涂层使用寿命及应用的缺陷。

图 8-5　水轮机及水泵过流部件表面抗磨蚀涂层外观检验

8.4.1.2　表面粗糙度检验

使用粗糙度仪等工具进行表面粗糙度检验(见图 8-6),涂层表面粗糙度应不高于 *Ra*6.3 μm。有表面粗糙度等级要求的部件,应按照设计要求进行抛光处理,抛光处理后再进行相应检验。一般按照每平方米不少于 8 个点进行测量,测点数量应不少于 5 个点,全部的测试点应达到设计要求。

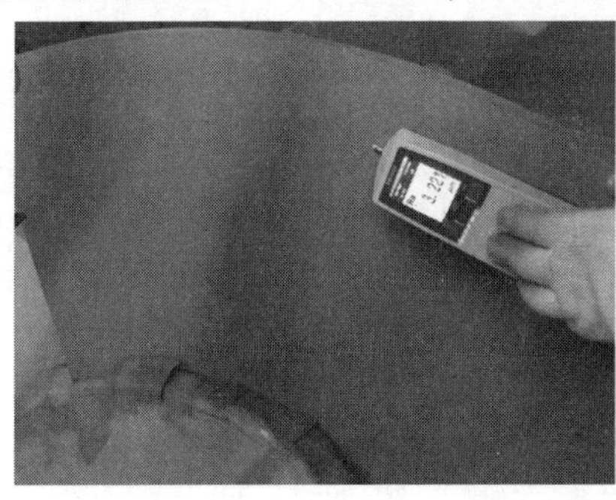

图 8-6　涂层表面粗糙度检验

8.4.1.3　涂层厚度检验

按照设计要求对涂层的单遍厚度及总厚度进行检验,可采用电子测厚仪、千分尺等工具对涂层进行无损测厚。一般按照每平方米不少于 8 个点进行测量,测点数量应不少于 5 个点,全部的测试点应达到设计要求。

8.4.2　涂层性能评价

涂层性能评价一般需要进行制样,在喷涂施工时采用相同的基材和喷涂工艺制作样块,从样块中取样进行各项性能评价。

8.4.2.1　孔隙率

可以采用金相显微镜等,按照标准 ISO/TR 26946 等的规定检测涂层孔隙率(见图 8-7)。在每个试样上应测试不少于 5 个点数据。涂层的平均孔隙率应低于 0.5%~1%。涂层的金相显微组织应致密,无分层和微裂纹等缺陷。

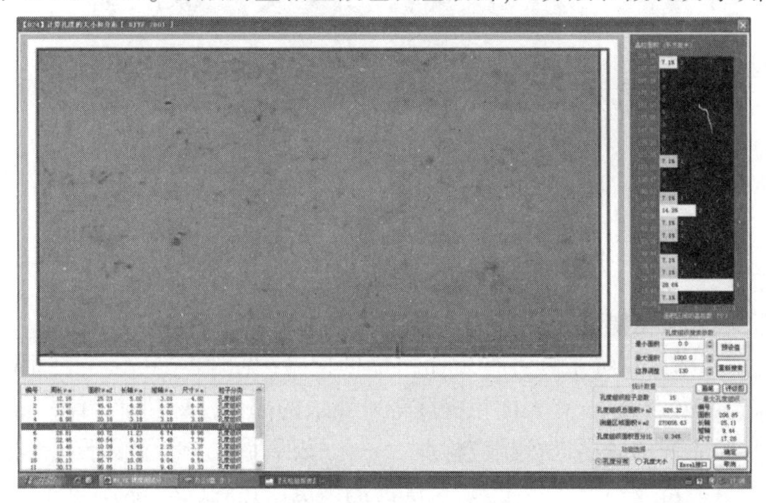

图 8-7　涂层孔隙率检测

8.4.2.2　显微硬度

宜采用显微硬度计,按照标准 GB/T 4340.1 的规定检测涂层硬度(见图 8-8),加载载荷一般设置为 200~300 g。在每个试样上应测试不少于 5 个点数据。涂层的最低测试维氏硬度值应不低于 1 000 $HV_{0.2}$,平均硬度值应不低于 1 100 $HV_{0.2}$。

8.4.2.3　结合强度

可以按照标准 GB/T 8642 或 HB 7751 检测涂层结合强度(其测试装置见图 8-9、图 8-10),涂层的结合强度应不低于 70 MPa。由于粘胶本身的结合强度最高只能达到 70 MPa,因此采用标准 GB/T 8642 进行测试时,仅能评价抗拉结合强度≤70 MPa 的涂层。对于结合强度>70 MPa 的涂层,应采用标准

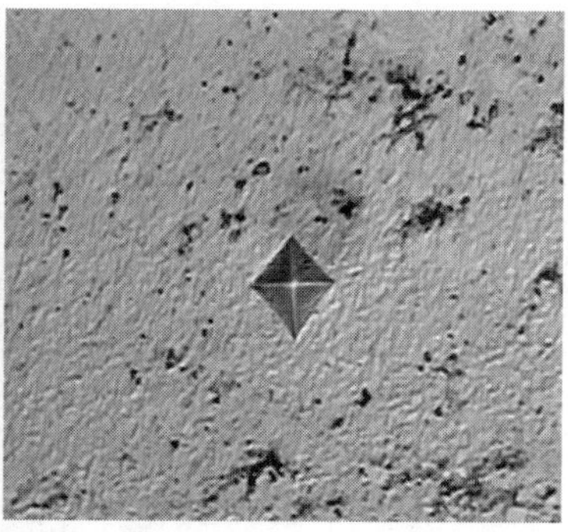

图 8-8　涂层显微硬度检测

HB 7751 中的方法进行检测。

图 8-9　标准 GB/T 8642 测试装置

图 8-10　标准 HB 7751 测试装置

8.4.2.4　抗空蚀及抗磨蚀性能评价

1. 抗空蚀试验方法

可以采用标准 GB/T 6383 中的试验方法(其测试验装置见图 8-11),按要求将带涂层的样块、基材等制作成相同尺寸的试样,试样的数量应在 5 块以上,在相同的条件下进行检测。在相同条件下对试样进行清洗、烘干、称重或测量体积等,称重设备宜采用精度不低于 0.1 mg 的电子天平。

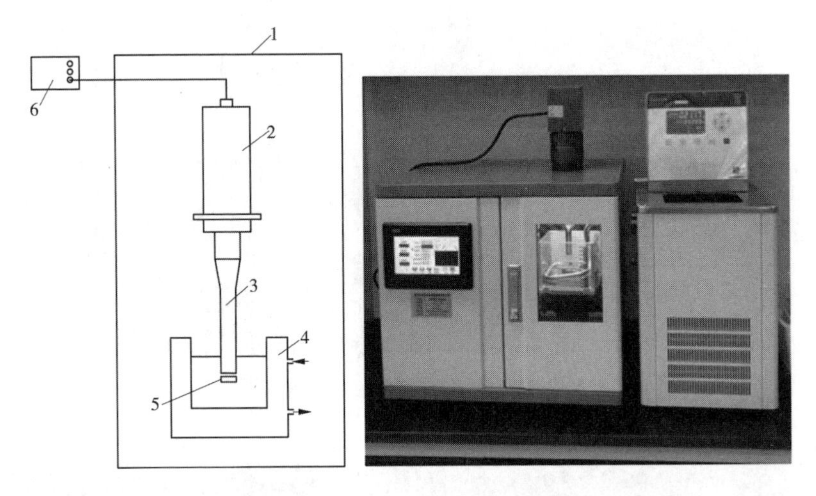

1—隔音装置;2—变频器;3—振幅杆;4—恒温装置;5—试样;6—控制器

图 8-11　振动空蚀试验装置

2. 抗磨蚀试验方法

可采用圆盘旋转式(见图 8-12)、旋转喷射式等试验装置,并可按照试验装置及相关标准制定试验条件。按要求将带涂层的样块、基材等制作成相同尺寸的试样,试样的数量应在 5 块以上,在相同的条件下进行检测。在相同条件下对试样进行清洗、烘干、称重或测量体积等,称重设备宜采用精度不低于 0.1 mg 的电子天平。

材料抗磨蚀情况与水质、泥沙含量、沙粒特性、泥沙流速、泥沙冲角等都有直接的关系,可根据实际的工况选择合适的磨蚀试验参数。如果采用如图 8-12 所示试验装置进行材料抗磨蚀性能测试分析时,为了加快试验速度,可提高含沙量、硬质砂的比例及粒径,如:含沙量可选择为 200~400 kg/m^3,沙粒全部选择石英砂,粒径选择为 0.25~0.85 mm,并调节圆盘转速,使试样的圆周线速度比实际砂粒速度略高。

3. 抗空蚀及抗磨蚀评价方法

采用对比试验对材料抗空蚀及抗磨蚀性能进行评价,可将抗磨蚀涂层与基材或基准材料进行对比,基准材料一般选用常用的水力装备过流部件材料,如 ZG00Cr13Ni4Mo、ZG00Cr13Ni5Mo 等。将抗磨蚀涂层及基材或基准材料置于相同的试验条件下进行评价试验。相对抗空蚀或抗磨蚀性能可按式(8-4)计算出的结果进行评价。倍数大于 1,表明该材料的抗空蚀或抗磨蚀性能优于基材或基准材料;反之,表明该材料的抗空蚀或抗磨蚀性能低于基材或基准材料。

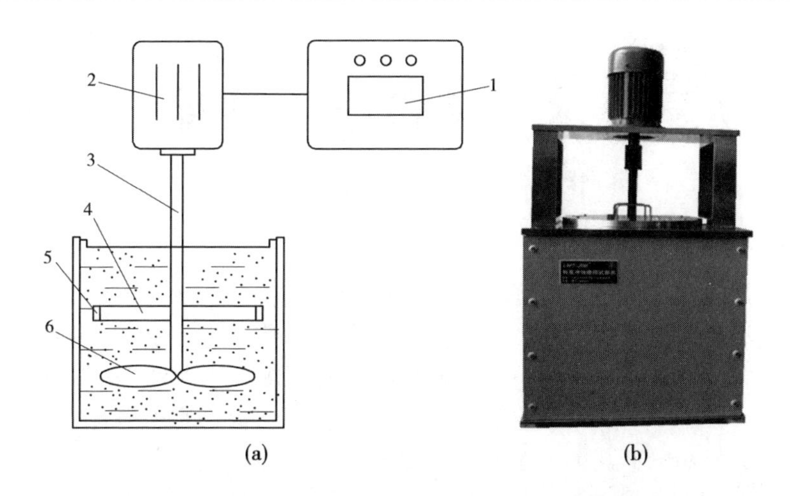

1—控制装置;2—电机;3—电机轴;4—试件夹持装置;5—试样;6—搅拌叶片

图 8-12　圆盘旋转式磨蚀试验装置

$$\varepsilon = \Delta V_P \cdot V_T / \Delta V_T \cdot V_P = \Delta G_P \cdot G_T / \Delta G_T \cdot G_P \tag{8-4}$$

式中　ε——相对抗空蚀倍数或相对抗磨蚀倍数；

ΔV_T——磨蚀防护用材试样的体积损失；

V_T——磨蚀防护用材试样的原体积；

V_P——相应基材或基准材料试样的原体积；

ΔV_P——相应基材或基准材料试样的体积损失；

G_P——相应基材或基准材料试样的原质量；

ΔG_P——相应基材或基准材料试样的质量损失；

ΔG_T——磨蚀防护用材试样的质量损失；

G_T——磨蚀防护用材试样的原质量。

8.5　小　结

通过磨蚀工况判定、材料选择、施工工艺、评价方法等方面的标准化，可以将抗磨蚀技术更好地应用于水力装备生产、制造、维修及升级改造等环节，并且进一步规范抗磨蚀技术的设计和施工，切实提高我国水力装备的抗磨蚀技术水平，大幅度提升水力装备的运行性能和寿命，显著减少由磨蚀带来的社会经济损失。

第9章 水力装备抗磨蚀涂层技术研究及应用展望

水力发电技术诞生一百多年来,水力装备的磨蚀问题一直是困扰水电站安全、经济和高效运行的难治之症。抗磨蚀涂层技术研究对于保障水利枢纽及水电站安全稳定运行、延长水轮机组寿命和提高经济效益具有非常重要的意义。近年来,抗磨蚀涂层技术研究取得一定进展,但仍无法彻底解决磨蚀问题,未来需要在以下几个方面进行深入研究。

(1)加强水沙磨蚀基础科学研究。

三相流环境下过流部件的磨蚀过程和机制极为复杂,包括气蚀、泥沙磨损、水流冲蚀、腐蚀等,涉及流体力学、材料科学、物理、电化学等多学科的交叉。目前国内外水机磨蚀领域相关基础研究趋于沉寂,三相流的空化、流体行为等基础理论发展进展缓慢,气蚀、泥沙冲蚀磨损研究等仍缺乏有效的理论支撑,尤其对于气蚀-泥沙冲蚀磨损作用之间的耦合作用机制有待于进一步研究。在材料磨蚀破坏研究方面,材料在三相流中气蚀-泥沙冲蚀耦合作用下材料的破坏失效机制有待于进一步明晰,有必要建立典型材料抗磨蚀性能与材料成分、性质之间关系的理论模型,对于涂层研究开发和选材具有重要指导意义。

(2)深度融合表面工程技术发展趋势。

抗磨蚀技术的进步离不开表面工程等跨领域工业技术的推动。近年来,表面工程技术飞速发展,其中以热喷涂和激光熔覆技术最具发展和应用前景。其中,热喷涂金属陶瓷涂层仍存在孔隙、结合强度低等缺陷,需进一步提高颗粒之间、涂层与基体之间的结合强度,改善硬度和韧性的兼容性。激光熔覆技术存在熔覆效率低、投入成本高、适用材料体系少等不足,同时需进一步降低覆层的稀释率、改善裂纹气孔等缺陷以提高覆层的抗磨蚀性能。最新诞生的超高速激光熔覆技术大幅度提高了熔覆效率并降低了工艺成本,有望在水力装备表面强化领域的应用。此外,磁控溅射、气相沉积等表面技术日趋成熟,可在大型水力装备中应用。

(3)拓展抗磨蚀涂层材料体系。

研究开发抗磨蚀新材料体系是开发抗磨蚀涂层的关键基础。目前已形成金属和有机两大种类,但针对磨蚀的材料类型研究仍然较少。其中,金属硬质涂层在未来数十年仍将是水轮机抗磨蚀涂层的主要类型,非晶、纳米晶、高熵合金等先进金属材料的发展有望大幅度推动金属涂层材料的抗磨蚀性能。此外,高分子材料也是重要材料类型,如新型树脂、聚氨酯等有机材料将在特殊的磨蚀部位发挥不可替代的作用。值得关注的是,复合涂层如梯度涂层可实现各材料组分之间优势互补和产生协同效应,为抗磨蚀涂层研究提供了新的思路和方向,进一步研究不同类型材料组分的相容性,优化涂层结构设计和制备工艺,将是抗磨蚀复合涂层的研究方向之一。

(4)综合平衡涂层性能与成本。

不同服役工况下的水力装备磨蚀类型和程度不同,针对不同情况,应综合考量涂层的性能和成本,选择不同的涂层材料和工艺。如高泥沙河流以泥沙冲蚀为主,应选用强抗冲蚀磨损的硬质涂层,如热喷涂金属陶瓷涂层等;清水河流冲蚀较轻但气蚀程度较严重,应选用抗空蚀金属基涂层,如钴基涂层等;具有一定含沙量的河流同时存在泥沙冲蚀和空蚀,可选用复合材料涂层;工件狭窄结构深处常规工艺无法实行时,可选择有机软涂层进行灵活涂覆;沿海河流海水腐蚀问题凸显,应选用强耐腐蚀性涂层,如激光熔覆镍基合金涂层等。

综上所述,水力装备抗磨蚀涂层技术朝着基础研究交叉化、技术研发融合化、材料体系复合化和实际应用综合化的方向发展,在未来的研究与应用中将持续进步,不断接近克服磨蚀难题的目标。

参考文献

[1] 顾四行,杨天生.水机磨蚀研究与实践 50 年[M].北京:中国水利水电出版社,2005.

[2] 王运辉.对长江是否会变成第二条黄河的分析[J].武汉水利电力大学学报(社会科学版),1999,19(2):33-36.

[3] 中华人民共和国水利部.中国河流泥沙公报 2019[M].北京:中国水利水电出版社,2020.

[4] 孟安波,殷豪,陈德新.多泥沙河流水轮机的磨蚀与防护技术的研究[J].中国农村水利水电,2008(4):115-116.

[5] 中华人民共和国国家统计局.2018 年国民经济和社会发展统计公报[R/OL].//www.stats.gov.cn/statsinfo/auto2074/201902/t20190228_1651343.html.

[6] 中华人民共和国水利部. 2018 年全国水利发展统计公报[M].北京:中国水利水电出版社,2019.

[7] 柳伟,郑玉贵,姚治铭,等. 金属材料的空蚀研究进展[J].中国腐蚀与防护学报,2001,21(4):250.

[8] Chen J H,Wu W. Cavitation erosion behavior of Inconel 690 alloy[J]. Materials Science & Engineering A,2008,489(1):451.

[9] 王兆印,王文龙,田世民.黄河流域泥沙矿物成分与分布规律[J].泥沙研究,2007(5):3-10.

[10] Finnie I. Some reflections on the past and future of erosion[J]. Wear,1995,186-187:1.

[11] 张秀丽,孙冬柏,俞宏英,等. 金属材料空蚀过程中的腐蚀作用[J].腐蚀科学与防护技术,2001,13(3):162.

[12] 陈昭运.空蚀破坏的微观氧化过程[J].哈尔滨工程大学学报,2007,28(9):1056.

[13] 王者昌,张毅,张晓强.空蚀过程中的热效应[J].材料研究学报,2001,15(3):287.

[14] Thapa B,Chaudhary P,Dahlhaug O G,et al. Study of combined effect of sand erosion and cavitation in hydraulic turbines[C]//International Conference on Small Hydropower-Hydro Sri Lanka. Kandy, 2007:1.

[15] Toshima M,Okamura T,Satoh J,et al. Basic study of coupled damage caused by silt abrasion and cavitation erosion:2nd report,experiments with water channel[J]. Transactions of the Japan Society of Mechanical Engineers Series B,1991,57(539):2186.

[16] Li S C. Cavitation enhancement of silt erosion-an envisaged micro model[J]. Wear,2006,260(9-10):1145.

[17] Grein H,Schachenmann A. Solving problem of abrasion in hydroelectric machinery[J]. Water Power & Dam Construction,1992(8):19.

[18] 王再友,龙霓东,朱金华.抗空蚀材料研究应用进展[J].材料开发与应用,2001(6):

34-38.

[19] Tine Cencîc, Hocevar M, Sirok B. Study of Erosive Cavitation Detection in Pump Mode of Pump-Storage Hydropower Plant Prototype [J]. Journal of Fluids Engineering, 2014 (136): 051301-1-11.

[20] Dorji U, Ghomashchi R. Hydro turbine failure mechanisms: An overview[J]. Engineering Failure Analysis, 2014, 44: 136-147.

[21] 中华人民共和国国家质量监督检验检疫总局,中国国家标准化管理委员会. 小型水轮机磨蚀防护导则:GB/T 32745—2016[S].

[22] Escaler X, Egusquiza E, Farhat M, et al. Detection of cavitation in hydraulic turbines [J]. Mechanical Systems and Signal Processing, 2006, 20(4): 983-1007.

[23] Francois A. Introduction to cavitation in hydraulic machinery[C]//The 6th International Conference on Hydraulic Machinery and Hydrodynamics. Timisoara, 2004: 11-22.

[24] Padhy M K, Saini R P. A review on silt erosion in hydro turbines[J]. Renewable & Sustainable Energy Reviews, 2008, 12(7): 1974.

[25] Kumar P, Saini R P. Study of cavitation in hydro turbines-A review[J]. Renewable & Sustainable Energy Reviews, 2010, 14(1): 374-383.

[26] 李琪,许建中,李端明,等. 中国灌溉排水泵站的发展与展望[J]. 中国农村水利水电, 2015(12):6-10.

[27] 路金喜. 水泵的泥沙磨蚀及对策[J]. 排灌机械,1999(1):20-23.

[28] 李桂兰. 泥沙对水泵性能参数的影响[J]. 山东水利科技,1997(1):17-20.

[29] 杨沛源,贺志富. 水轮机泥沙磨蚀危害及保护措施[J]. 吉林水利,2017(10):60-62.

[30] 缪凤举,丁六逸,钱意颖. "洪水排沙、平水发电"——三门峡水库汛期发电运用方式的研究[J]. 泥沙研究,2001(2):17-20.

[31] 毛继新,郑勇. 刘家峡水库洮河口排沙洞排沙效果研究[C]//中国水利学会第六届全国泥沙基本理论研究学术讨论会论文集,2005:1007-1013.

[32] 陈小明,周夏凉,吴燕明,等. 超音速火焰喷涂微、纳米结构 WC-10Co4Cr 涂层及其性能[J]. 金属热处理,2016,41(5):52-56.

[33] Mann B S, Arya V. Abrasive and erosive wear characteristics of plasma nitriding and HVOF coatings: their application in hydro turbines[J]. Wear, 2001, 249(5-6): 354.

[34] Varis T, Suhonen T, Ghabchi A, et al. Formation mechanisms, structure, and properties of HVOF-sprayed WC-CoCr coatings: an approach toward process maps[J]. Journal of Thermal Spray Technology, 2014, 23(6): 1009.

[35] 王者昌,陈静. 水轮机抗空蚀磨损金属复层方法、材料和应用[J]. 焊接,2009(2):38.

[36] 高云涛,李翠林,郭维. 高速火焰喷涂技术在刘家峡水电厂水轮机抗磨蚀方面的应用[J]. 陕西电力,2008,36(5):51.

[37] 张正东,樊自拴,晏涛. 超音速火焰喷涂纳米结构 WC-Co 涂层研究进展[J]. 中国材料科技与设备,2013(1):13.

[38] Jia K, Fischer T E, Gallois B. Microstructure, hardness and toughness of nanostructured and conventional WC-Co composites[J]. Nanostructured Materials, 1998, 10(5): 875.

[39] Wu Y, Hong S, Zhang J, et al. Microstructure and cavitation erosion behavior of WC-Co-Cr coating on 1Cr18Ni9Ti stainless steel by HVOF thermal spraying[J]. International Journal of Refractory Metals & Hard Materials, 2012, 32(5): 21.

[40] Thakur L, Arora N. A study of processing and slurry erosion behavior of multi-walled carbon nanotubes modified HVOF sprayed nano-WC-10Co-4Cr coating[J]. Surface & Coatings Technology, 2017, 309(15): 860-871.

[41] Stewart D A, Shipway P H, Mccartney D G. Abrasive wear behaviour of conventional and nanocomposite HVOF-sprayed WC-Co coatings[J]. Wear, 1999, 225(4): 789.

[42] 李超,丁彰雄,丁翔,等. WC 尺度对 HVOF 制备的 WC-CoCr 涂层抗冲蚀磨损性能的影响[J]. 热喷涂技术,2016,8(3):18.

[43] 王国刚,孙冬柏,樊自拴,等. HVAF 制备 WC-12Co 涂层的空蚀和磨损性能研究[J]. 中国表面工程,2006,19(4):21.

[44] 赵翔,李萍,王群,等. C-HVAF 制备 WC-10Co-4Cr 涂层抗磨粒磨损性能研究[J]. 热加工工艺,2010,39(20):132.

[45] Wang Q, Tang Z, Cha L. Cavitation and sand slurry erosion resistances of WC-10Co-4Cr coatings[J]. Journal of Materials Engineering and Performance, 2015, 24(6): 1.

[46] 王者昌,陈前淮. GB1 系列抗磨蚀堆焊焊条的研制和应用[C]//第十六次中国水电设备学术讨论会论文集. 2007.

[47] Santa J F, Blanco J A, Giraldo J E, et al. Cavitation erosion of martensitic and austenitic stainless steel welded coatings[J]. Wear, 2011, 271(9): 1445.

[48] 李华. 水轮发电机顶盖不锈钢带极宽带埋弧堆焊[J]. 焊接技术,2009,38(10):21.

[49] 王爱民,张汇文. 水轮机部件高硬度不锈钢带极堆焊工艺[J]. 机械制造文摘:焊接分册,2012(6):13.

[50] 李明伟,姚立家,胡红伟,等. 毛尔盖电站水轮机底环带极埋弧堆焊[J]. 焊接,2013(7):67.

[51] Chang L, Yoon E. Microstructure and properties of laser remelted chromium carbide layer[J]. Surface & Coatings Technology, 1998, 99(99): 203.

[52] 柳伟,郑玉贵,姚治铭,等. 激光熔敷钴合金涂层的抗空蚀和冲刷磨损性能[J]. 材料保护,2002,35(3):18.

[53] Singh R, Kumar D, Mishra S K, et al. Laser cladding of Stellite 6 on stainless steel to enhance solid particle erosion and cavitation resistance[J]. Surface & Coatings Technology, 2014, 251(29): 87.

[54] 张小彬,臧辰峰,陈岁元,等. CrNiMo 不锈钢激光熔覆 NiCrSiB 涂层空蚀行为[J]. 中国有色金属学报,2008,18(6):1064.

[55] Paul C P, Gandhi B K, Bhargava P, et al. Cobalt-free laser cladding on AISI type 316L

stainless steel for improved cavitation and slurry erosion wear behavior[J]. Journal of Materials Engineering and Performance,2014,23(12):4463.

[56] Balu P,Hamid S,Kovacevic R. An experimental study on slurry erosion resistance of single and multilayered deposits of Ni-WC produced by laser-based powder deposition process [J]. Journal of Materials Engineering and Performance,2013,22(11):3398.

[57] 江桦锐. 00Cr13Ni4Mo 不锈钢水轮机叶片的激光表面改性研究[D]. 武汉:华中科技大学,2012.

[58] 王莉容,吴燕明,陈小明,等. 陶瓷颗粒增强环氧树脂复合涂层的力学性能及断裂机理分析[J]. 电镀与涂饰,2015,34(22):1288.

[59] 于维峰,程书官. 三门峡水电站运行四十年水轮机过流部件防磨蚀材料总结[C]// 水轮发电机组稳定性技术研讨会论文集. 2007.

[60] Correa C E,García G L,García A N,et al. Wear mechanisms of epoxy-based composite coatings submitted to cavitation[J]. Wear,2011,271(9):2274.

[61] 胡少坤,邓春华,于晶. HTPB 改性环氧树脂复合材料在水轮机叶片上的应用[J]. 橡胶科技市场,2012,10(4):26.

[62] 邢志国,吕振林,崔永. 聚氨酯增韧改性环氧树脂粘接 SiC 颗粒耐磨涂层的耐冲蚀性能[J]. 机械工程材料,2010,34(1):84.

[63] Kang Y,Chen X,Song S,et al. Friction and wear behavior of nanosilica-filled epoxy resin composite coatings[J]. Applied Surface Science,2012,258(17):6384.

[64] 夏松钦. Al_2O_3 颗粒/环氧树脂基复合材料的制备及磨损性能研究[D]. 绵阳:西南科技大学,2014.

[65] 武现治,吴四民,郭维克. 改性聚氨酯抗磨蚀材料在机组过流部件的应用[J]. 人民黄河,2010,32(3):104.

[66] 张瑞珠,卢伟,严大考,等. 水轮机叶片表面聚氨酯弹性涂层的抗磨蚀性分析[J]. 表面技术,2014,43(1):11.

[67] 张武斌,任岩. 聚氨酯涂层在水轮机磨蚀防护中的应用[J]. 电子世界,2013(3):91.

[68] 陈宝书,栾道成,李骑伶,等. PUE/微米 SiO_2 复合材料抗冲蚀磨损性能研究[J]. 聚氨酯工业,2011,26(2):31.

[69] Xu B F,Lin Z D,Chen J M,et al. Preparation and characterization of wear-resistant polyurethane-based materials[J]. Applied Mechanics & Materials,2014,556-562:343.

[70] 张瑞珠,卢伟,严大考,等. 疏水性含氟聚氨酯的合成及其耐气蚀磨损性能的研究[J]. 高分子学报,2015(7):808.

[71] Tang Y,Yang J,Yin L,et al. Fabrication of superhydrophobic polyurethane/MoS_2 nanocomposite coatings with wear-resistance[J]. Colloids & Surfaces A Physicochemical & Engineering Aspects,2014,459(14):261.

[72] 孙明明,张斌,张绪刚,等. 双组分聚氨酯胶黏剂的研究[J]. 化学与粘合,2010,32(2):22.

[73] 赵元元,严大考,张瑞珠,等.聚氨酯-硬质合金 YG8 双层涂层的抗磨蚀性能研究[J].聚氨酯工业,2014,29(2):25.

[74] 王建升,李勇,卢海霞,等.一种用电火花沉积结合激光熔覆增强金属水轮机转轮叶片表面的方法:CN,103805992A[P]. 2014-05-21.

[75] 庞佑霞,张昊,黄东胜,等.叶轮用有机复合涂层:CN,101804716A[P].2010-08-18.

[76] 高晓菊,王伯芊,贾平斌,等.功能梯度材料的制备技术及其研发现状[J].材料导报,2014,28(1):31.

[77] 陈奕林,张珮纶. 基于梯度技术提高水轮机耐磨性能的研究[J].水力发电,2014,40(4):61.

[78] 杨帆,冯拉俊,李光照,等. SiO_2/EP 梯度耐磨复合涂层的制备及其性能研究[J].腐蚀科学与防护技术,2015,27(5):454.

[79] Berger L M. Application of hardmetals as thermal spray coatings[J]. International Journal of Refractory Metals & Hard Materials,2015(49):350-364.

[80] Karaoglanli A C,Oge M,Doleker K M,et al. Comparison of tribological properties of HVOF sprayed coatings with different composition[J]. Surface & Coatings Technology, 2017,(318):299-308.

[81] 陈小明,周夏凉,吴燕明,等. HVOF 喷涂 WC-10Co4Cr 涂层的性能及滑动磨损机理[J].表面技术,2017,46(3):119-123.

[82] 张磊,陈小明,吴燕明,等.水轮机过流部件抗磨蚀涂层技术研究进展[J].材料导报,2017(17):75-83.

[83] Ding Xiang,Chen Xudong,Yu Xiang,et al. Structure and cavitation erosion behavior of HVOF sprayed multi-dimensional WC-10Co4Cr coating[J]. Transactions of Nonferrous Metals Society of China, 2018, 28(3):487-494.

[84] 马宁,程振雄,乌焕涛,等.粉末结构对 HVOF 喷涂 WC-Co 涂层组织性能的影响[J].稀有金属材料与工程,2015(12):3219-3223.

[85] 王大锋,马冰,陈东高,等. WC 晶体结构特征对 HVOF 喷涂纳米结构 WC-CoCr 涂层组织及性能的影响[J].中国表面工程,2019,32(1):88-97.

[86] 李会平,李冬生,张洋.超音速火焰喷涂简化数学模型及其应用[J].材料导报,2012(18):156-160.

[87] 王海斗,何鹏飞,陈书赢,等.内孔热喷涂技术的研究现状与展望[J].中国表面工程,2018(5):14-38.

[88] Gadow R,Killinger A,Buchmann M, et al. Method and device for internal coating of cavities by thermal spraying: US20050170099[P]. 2005-08-04.

[89] Oerlikon Metco. Thermal spray equipment guide[EB/OL]. https://www.oerlikon.com/metco/en/products-services/coating-equipment/thermal-spray.

[90] Praxair Surface Technologies. TAFA © HP/HVOF Brochure[EB/OL]. http://www.praxairsurfacetechnologies.com/components-materials-and-equipment/coatingequipment/

thermal-spray-coating-systems/high-velocity-oxygen-fuel-hvof.

[91] Kermetico. Brochure Kermetico HVAF AK internal diameter rotating spraying[EB/OL]. http://kermetico. com/ak/hvaf-ak-id-rotating-gun-spray-metals-carbides-ontobores-internal-diameters.

[92] 周夏凉,陈小明,吴燕明,等. HVOF 制备纳米 WC-10Co4Cr 涂层的微观组织及抗冲蚀性能[J]. 粉末冶金材料科学与工程,2018,23(2):124-128.

[93] 万伟伟,沈婕,高峰,等. 喷涂角度对 HVOF 喷涂 WC-10Co-4Cr 涂层性能的影响[J]. 热喷涂技术,2011(1):48-51.

[94] 梁存光,李新梅. 喷涂距离对等离子喷涂 WC-12Co 涂层抗冲蚀磨损性能的影响[J]. 中国表面工程,2017(6):111-121.

[95] 陈清宇,富伟,杜大明,等. 大气等离子喷涂和超音速火焰喷涂 WC-Ni 涂层组织结构和性能的对比[J]. 稀有金属材料与工程,2019,48(11):3680-3685.

[96] 毛杰,刘敏,邓子谦,等. 喷涂角度对 HVOF WC-Co-Cr 涂层分布的影响[J]. 稀有金属材料与工程,2017,46(12):3583-3588.

[97] 李松林,向锦涛,周伍喜,等. 超音速火焰喷涂 WC-10Co4Cr 涂层的耐滑动磨损行为[J]. 中国有色金属学报,2012,22(5):1371-1376.

[98] 王博,吴玉萍,李改叶,等. 超音速火焰喷涂制备 WC-10Co-4Cr 涂层工艺参数的优化[J]. 机械工程材料,2012(10):58-61.

[99] 王铁钢,宋丙红,华伟刚,等. 工艺参数对爆炸喷涂 WC-Co 涂层性能均匀性的影响[J]. 金属学报,2011(1):115-122.

[100] 黄博,吴庆丹,魏新龙,等. 超音速火焰喷涂 WC-10Co-4Cr 涂层的摩擦腐蚀性能研究[J]. 表面技术,2020,49(1):285-293.

[101] 廉影,李阳,王建民,等. HVOF/AC-HVAF 热喷 WC-10Co-4Cr 涂层的耐冲蚀性能[J]. 焊接学报,2019(4):95-100.

[102] 侯素娟,李新梅,梁存光. 冲蚀角对等离子喷涂 WC-12Co 涂层冲蚀磨损的影响[J]. 热加工工艺,2020,49(16):109-113.

[103] 刘晓斌,康嘉杰,岳文,等. HVOF 金属陶瓷涂层的冲蚀失效行为研究现状[J]. 材料导报,2018,32(z1):312-316.

[104] W Liu,Y G Zheng,C S Liu,et al. Cavitation erosion behaviour of Cr-Mn-N stainless in comparison with 0Cr13Ni5Mo stainless steel[J]. Wear,2003(24):713-722.

[105] R Schwetzke,H Kerye. Cavitation erosion of HVOF coatings[J]. Cincinnati,1996:153-158.

[106] Y R Liu,E Traugott,Fischer,et al. Comparison of HVOF and plasma-sprayed alumina/titania coatings microstructure,mechanical properties and abrasion behavior[J]. Surface and Coatings Technology,2003,167(7):68-76.

[107] B H Kear,G Skandan. Thermal spray processing of nanoscale materials[J]. Nanostruct Mater,1997,8 (6):765-769.

[108] C Berndt, E J Larernia. Thermal spray processing of nanoscale materials I-extended abstracts[J]. Thermal Spray Technology, 1998, 7(3): 411-440.

[109] 吴燕明, 赵坚, 陈小明, 等. 高温及氧化对 WC-10Co4Cr 涂层微观结构及性能的影响[J]. 中国有色金属学报, 2017, 27(7): 1395-1400.

[110] 何科杉, 程西云, 李志华. 稀土对金属陶瓷涂层微观组织改性作用研究现状和应用进展[J]. 润滑与密封, 2009, 34(3): 100-104, 113.

[111] 黄拿灿, 胡社军. 稀土化学热处理与稀土材料表面改性[J]. 稀土, 2003, 24(3): 59-62.

[112] 张红霞, 赵玉梅, 师侦峰. 稀土元素在金属表面改性中的应用[J]. 金属热处理, 2011, 36(3): 91-94.

[113] K Lu, J Lu. Nanostructured surface layer on metallic materials induced by surface mechanical attrition treatment[J]. Materials Science & Engineering, A. Structural Materials: Properties, Misrostructure & Processing, 2004, A375/377.

[114] 季安忠. 纳米材料复合涂层技术[D]. 西安: 西北工业大学, 2006.

[115] 赵坚, 陈小明, 伏利, 等. 水泵 WC-10Co4Cr 微纳米复合涂层技术的研究与应用[J]. 流体机械, 2019, 47(1): 48-51.

[116] 任学佑. 纳米涂层材料及涂层技术开发前景[J]. 有色金属, 2004, 56(3): 32-35.

[117] 蔡峰. 纳米热喷涂技术和涂层研究的进展[J]. 材料研究与应用, 2019, 13(3): 252-256.

[118] 陈玉祥, 江文. 热喷涂技术的应用进展[J]. 石化技术, 2017, 24(8): 225-226.

[119] 赵斌, 李智超, 李和万. 复合涂层技术研究进展[J]. 热加工工艺, 2010, 39(22): 127-130.

[120] 刘建伟, 解念锁. 表面复合材料制备技术与应用[J]. 科技创新导报, 2009(32): 206-207.

[121] 唐斌. 超音速火焰喷涂技术的研究与应用[J]. 工程技术研究, 2018(10): 35-37.

[122] 鲍君峰, 崔颖, 侯玉柏, 等. 超音速热喷涂技术的发展与现状[J]. 热喷涂技术, 2011, 3(4): 18-21.

[123] 蔡宏图, 江涛, 周勇. 热喷涂技术的研究现状与发展趋势[J]. 装备制造技术, 2014(6): 28-32.

[124] 查柏林, 王汉功, 苏勋家. 超音速喷涂技术在再制造中的应用[J]. 中国表面工程, 2006, (S1): 174-177.

[125] 毛鹏展, 陈小明, 周夏凉. G06Cr13Ni4Mo 不锈钢超音速火焰喷涂 WC-10Co-4Cr 涂层的抗磨蚀性能[J]. 腐蚀与防护, 2015, 36(9): 856-859.

[126] Kaifang Xie, Yanfang Xu, Hua Shen, et al. Study on the wearability and abrasion mechanism of braided harness cord[J]. Textile Research Journal, 2019, 89(14): 2961-2969.

[127] 樊自拴, 孙冬柏, 俞宏英, 等. 超音速火焰喷涂技术研究进展[J]. 材料保护, 2004(9): 33-35, 60.

[128] Giovanni B, Marcello B, Luca L, et al. Tribology of FeVCrC coatings deposited by HVOF and HVAF thermal spray processes[J]. Wear, 2018, 394-395: 113-133.

[129] Verstak A, Baranoveski V. AC-HVAF sprayed tungsten carbide: properties and applications[C]//Proc, intr, Conf. Thermal Spray, 2006: 643-648.

[130] Sethi A K. Studies on hard surfacing of structural steel by gas thermal spraying process [J]. Materials Today: Proceedings, 2020, 21: 3.

[131] 林松盛,周克崧,代明江. 抗冲蚀磨损涂层的研究及应用进展[J]. 材料研究与应用, 2018, 12(3): 149-155.

[132] 李力,魏天酬,刘明维,等. 冲蚀磨损机理及抗冲蚀涂层研究进展[J]. 重庆交通大学学报(自然科学版), 2019, 38(8): 70-74, 91.

[133] 汪陇亮,孙润军,单磊,等. CrAlN 涂层海水环境腐蚀磨损行为研究[J]. 摩擦学学报, 2017, 37(5): 639-646.

[134] 李健,张永振,彭恩高,等. 冲蚀与气蚀复合磨损试验研究[J]. 摩擦学学报, 2006, 26 (2): 164-168.

[135] Wang G, Huang Z, Xiao P, et al. Spraying of Fe-based amorphous coating with high corrosion resistance by HVAF [J]. Journal of Manufacturing Processes, 2016, 22 (4): 34-38.

[136] Cui H, Tao K, Zhou X L, et al. Thermal stability of nanostructured nicrc coating prepared by HVAF spraying of cryomilled powders[J]. Rare Metals, 2008, 27(4): 418-424.

[137] 伏利,周夏凉,陈小明,等. HVAF 喷涂 WC-10Co4Cr 涂层及其性能[J]. 腐蚀与防护, 2019, 40(4): 240-244, 292.

[138] Liu Y, Liu W, Ma Y, et al. A comparative study on wear and corrosion behaviour of HVOF- and HVAF-sprayed WC-10Co-4Cr coatings[J]. Surface Engineering, 2017, 33 (1): 63-71.

[139] Sansoucy E, Kim G E, Aoran A L, et al. Mechanical characteristics of Al-Co-Ce coatings produced by the cold spray process[J]. Journal of Thermal Spray Technology, 2007, 16 (5-6): 651-660.

[140] Buchheit R G, Mamidipally S B, SCHMUTZ P, et al. Active corrosion protection in Ce-modified hydrotalcite conversion coatings[J]. Corrosion, 2002, 58(1): 3-14.

[141] 白杨,刘其斌,徐鹏,等. 稀土含量对 Ca-P 陶瓷涂层组织及细胞相容性的影响[J]. 中国表面工程, 2016, 29(5): 66-71.

[142] 路阳. 稀土元素对 Cu14AlX 涂层组织和摩擦性能的影响[J]. 中国表面工程, 2012, 25(2): 49-55.

[143] Matsumoto M, Aoyama K, Matsubara H, et al. Thermal conductivity and phase stability of plasma sprayed ZrO_2-Y_2O_3-La_2O_3 coatings [J]. Surface & Coatings Technology, 2005, 194(1): 31-35.

[144] 伏利,陈小明,赵坚. WC/Co 复合涂层微观结构及磨损性能研究[J]. 热加工工艺,

2014,43(20):103-105.
[145] 吴燕明,伏利,陈小明,等. 超音速等离子喷涂制备水力机械耐冲蚀涂层的研究[J]. 功能材料,2017,48(2):02001-02003.
[146] 姜超平,郝建民,朱君臣. 等离子喷涂 WC 复合涂层耐磨性能[J]. 材料热处理学报,2010,31(8):117-120.
[147] 张平,王海军,朱胜,等. 高效能超音速等离子喷涂系统的研制[J]. 中国表面工程,2003,16(3):12-15.
[148] 张敬国,刘金炎,蒋显亮. 碳化钨/钴热喷涂粉末和涂层的研究进展[J]. 功能材料,2005,36(3):332-334.
[149] Stoica V ,Ahmed R, Golshan M. Sliding wear evaluation of hot isostatically pressed thermal spray cermets coating[J]. Therm Spray Techn,2004,13(1):93-107.
[150] W Hoppel,H Mughrabi, H G Sockel,et al. Hydro abrasive wear behavior and damage mechanisms of different hard coating[J] . Wear,1999(225-229):1088-1099.
[151] 冯云彪. 面向等离子体材料钨涂层的设计、制备和评价[D]. 成都:西南交通大学,2010.
[152] 赵坚,陈小明,伏利. 纳米 Ce 改性对 WC 陶瓷涂层微观结构及抗磨损性能的影响[J]. 兵器材料科学与工程,2018(2):43-46.
[153] 周红霞,王亮,彭飞,等. 纳米稀土对热喷涂 WC-12Co 涂层的改性作用[J]. 材料热处理学报,2009(2):162-166.
[154] 刘寿荣. 稀土优化 WC-Co 硬质合金强韧性机理[J]. 有色金属,1997,49(4):76-81.
[155] 邱明,张瑞,李迎春,等. 添加 CeO_2 对 MoS_2 基复合涂层摩擦学性能的影响[J]. 中国表面工程,2017,30(2):106-112.
[156] 叶诚,杜晓东,李连颖,等. 稀土对 WC 颗粒增强铁基体复合涂层组织结构的影响[J]. 中国稀土学报,2012,30(1):102-107.
[157] 张俊,罗来马,朱晓勇,等. 微量元素 Nb、C 强化 W-Lu_2O_3 复合材料的组织及性能[J]. 稀有金属材料与工程,2017,46(9):2533-2538.
[158] 陈飞,周海,吕涛,等. 不锈钢表面等离子喷涂梯度涂层耐蚀性能的研究[J]. 金属热处理,2006,31(11):22-24.
[159] 杜令忠,徐滨士,杨华,等. 超音速等离子喷涂 12Co-WC 涂层在含沙油润滑条件下的摩擦学行为[J]. 材料保护,2007,40(10):65-67.
[160] 朴钟宇,徐滨士,王海斗. 等离子喷涂铁基涂层的疲劳磨损裂纹行为[J]. 摩擦学学报,2011,31(1):56-60.
[161] 吴承康. 我国等离子体工艺研究进展[J]. 物理,1999,28(7):388-393.
[162] 陈雪菊. 等离子喷涂 Cr_2O_3-8TiO_2 涂层的摩擦磨损性能研究[D]. 南京:河海大学,2007.
[163] 尹斌,周惠娣,陈建敏,等. 等离子喷涂纳米 WC-12%Co 涂层与陶瓷和不锈钢配副时的摩擦磨损性能对比研究[J]. 摩擦学学报,2008(3):213-218.

[164] Zhu Y C, Yukimura K, Ding C. Tribological properties of nanostructure and conventional WC-Co coatings deposited by plasma spraying[J]. Thin Solid Films, 2001 (388): 277-282.

[165] 伏利,陈小明,吴燕明. 等. 高焓等离子喷涂 WC-10Co-4Cr 涂层的微观组织及其拉伸断裂机理[J]. 腐蚀与防护,2018,39(2):95-98,102.

[166] 谢兆钱,王海军,郭永明,等. 超音速等离子喷涂超细 WC-12Co 涂层的性能[J]. 中国表面工程,2010,23(5):54-58.

[167] 李国辉. 超音速火焰喷涂金属陶瓷涂层结合强度强化方法的研究[D]. 西安:西安理工大学,2008.

[168] 周红霞,彭飞,王振强,等. 纳米稀土改性热喷涂 WC-12Co 涂层的摩擦磨损性能研究[J]. 热处理技术与装备. 2009,30(1):8-12.

[169] Shipway P H, Mccarteny D G, Sudaprasert T. Sliding wear behaviour of conventional and nanostructured HVOF sprayed WC-Co coatings[J]. Wear, 2005, 259(7-12):820-827.

[170] 李阳,刘阳,段德莉,等. HVOF 热喷 WC-Co-Cr 涂层在不同攻角下的料浆冲蚀行为[J]. 中国表面工程, 2011,24(6):11-18.

[171] 彭高恩. 材料的含沙水流冲蚀磨损性能研究[D]. 北京:机械科学研究院,2006.

[172] 唐罂阱. 超音速火焰喷涂金属碳化钨涂层的抗汽蚀与抗冲蚀性能研究[D]. 长沙:湖南大学,2015.

[173] 郑凯,朱海峰,常龙. 表面涂层技术在水轮机抗磨蚀中的应用及发展[J]. 水电与抽水蓄能,2015,1(4):56-60.

[174] 刘德林. 纳米 WC-Co 涂层抗冲蚀磨损研究[D]. 武汉:武汉理工大学,2006.

[175] B Bajic, Keller. Spectrum normalization method in vibro-acoustical diagnostic measurements of hydroturbine cavitiation[J]. Transactions of the ASME-Journal of Fluids Engineering, 1996(118):756-761.

[176] 李志红. 含沙水流中的水轮机磨蚀与防护[J]. 大电机技术,2007(6):39-41.

[177] 刘大恺. 水轮机[M]. 北京:中国水利水电出版社,1997.

[178] 刘娟,许洪元,齐龙浩. 水轮机中冲蚀磨损规律及抗磨措施研究进展[J]. 水力发电学报,2005,24(1):113-117.

[179] 梁章堂. 中小型水电水轮机选型与优化的探讨[J]. 中国农村水利水电,2004, 25(7):92-94.

[180] 张云乾,丁彰雄,范毅. HVOF 喷涂纳米 WC-12Co 表面材料的性能研究[J]. 中国表面工程,2005,18(6):25-29.

[181] 陈煌,林新华,曾毅,等. 热喷涂纳米陶瓷表面材料研究进展[J]. 硅酸盐学报,2002, 30(2):235-239.

[182] 袁庆龙. 国外用于研究磨蚀行为的三种装置[J]. 热处理技术与装备,2001,22(5):15-18,24.

[183] Startwell B D. Thermal spray coatings a s alternative to hard chrome plating[J]. Weld-

ing,2000(7):39.

[184] 高云涛,付廷勤,赵建潮. 刘家峡水电厂增容改造后水轮机磨蚀情况及抗磨技术的应用[J]. 大电机技术,2006(6):38-41.

[185] 赵立英,刘平安. 氧燃比对爆炸喷涂碳化钨涂层结构和性能的影响[J]. 材料工程,2016,44(6):50-55.

[186] 刘金炎,张敬国,蒋显亮. 爆炸喷涂法制备亚微米 WC-12%Co 涂层的研究[J]. 功能材料,2008,39(7):1177-1180.

[187] 伏利,陈小明,吴燕明,等. 高焓等离子制备 WC/Co 复合涂层性能研究[J]. 材料导报,2014,28(24):456-458.

[188] 常近时. 水轮机与水泵的空化与空蚀[M]. 北京:科学出版社,2016.

[189] 朱茹莎. 含沙河流水电站水轮机吸出高度的合理确定[D]. 北京:中国农业大学,2008.

[190] 顾四行,杨天生,闵京生. 水机磨蚀[M]. 北京:中国水利水电出版社,2008.

[191] 汤永明. 浅谈多泥沙电站水轮机抗磨蚀的措施[J]. 机电技术,2006,29(3): 28-30.

[192] 邢述彦,闫金忠. 我国水机磨蚀研究及防护措施[J]. 太原理工大学学报,1998,29(3): 285-288.

[193] 张庆霞. 水轮机过流部件磨蚀原因与有效防治措施研究[J]. 华东科技(学术版),2012(11): 331-331.

[194] 陆力,刘娟,刘功梅. 白鹤滩电站水轮机泥沙磨损评估研究[J]. 水力发电学报,2016,35(2):67-74.

[195] 王志高. 我国水机磨蚀的现状和防护措施的进展[J]. 水利水电工程设计,2002,21(3): 1-4.

[196] 陈德新,杨建设. 多泥沙河流水轮机的抗磨蚀对策[J]. 人民黄河,2003,25(5):43-45.

[197] 任岩,陈德新. 黄河上水电站水轮机磨蚀及防护的研究[J]. 水力发电,2007,33(1):51-55.

[198] 李健,彭恩高,白秀琴. 水轮机过流部件的磨损问题[J]. 材料保护,2004,37 (z1):44-48.

[199] 杜贵荣,路金喜,王丽芳,等. 水泵的泥沙磨蚀及防治措施[J]. 河北农业大学学报,2005,28(4): 101-103.

[200] 郭彦峰. 水泵水轮机模型全特性试验技术研究[D]. 哈尔滨:哈尔滨工业大学,2017.